강미선쌤의 개념 잡는

분수
비법

연산편
덧셈과 뺄셈

강미선 지음

하우매쓰

강미선쌤의 개념 잡는 분수 비법-연산편 : 덧셈과 뺄셈

개정판 1쇄 발행일 2019년 7월 20일
개정판 3쇄 발행일 2022년 10월 17일

지은이 강미선
발행인 강미선
발행처 하우매쓰 앤 컴퍼니
편집 이상희 | **디자인** 나모에디트 | **일러스트** 이민진
등록 2017년 3월 16일(제2017-000034호)
주소 서울시 영등포구 문래북로 116 트리플렉스 B211호
대표전화 (02) 2677-0712 | **팩스** 050-4133-7255
홈페이지 https://m.cafe.naver.com/howmaths | **전자우편** upmmt@naver.com

ISBN 979-11-967467-4-2(63410)

차례

분수 비법 시리즈의 특징   4

분수의 개념   6

분수 비법(연산편 : 덧셈과 뺄셈)에 담긴 수학적 원리   8

학부모님께   11

1단계 분모가 같은 분수의 덧셈   13

2단계 분모가 같은 분수의 뺄셈   43

3단계 통분과 약분   69

4단계 분모가 다른 분수의 덧셈과 뺄셈   97

정답   119

분수 비법 시리즈의 특징

1. 수학적 원리를 바탕으로 일관성 있게 전개됩니다.

　「분수 비법 시리즈」에 담긴 개념 설명과 분수 사칙계산 방법은, 전체와 부분의
관계를 숫자로 나타낸 것이 바로 분수라는 개념을 바탕으로 일관성 있게 전개됩니다.
연속량에서의 분수 개념을 연결하여 이산량에서의 분수를 쉽게 익힐 수 있고,
통분에 대해 예습하지 않아도 자연스럽게 이분모 덧셈 뺄셈을 할 수 있게 됩니다.
따라서, 「분수 비법 시리즈」로 공부하면 분수 개념에 대한 이해는 물론, 분수 연산
문제도 쉽게 잘 해결할 수 있습니다.

2. 시각적인 설명으로 수학적 이해를 높입니다.

　「분수 비법 시리즈」는 시각적인 도구들을 사용해서 설명합니다. 글로 된 설명이
너무 길거나 복잡하면 일단 '어렵겠다', '재미없겠다'는 생각부터 들지만, 그림으로
설명하면 '쉽겠는데?', '재밌겠다'는 생각이 듭니다. 그림을 보면서 직관적으로 문제
해결을 할 수 있고, 머릿속에 그 과정을 사진을 찍듯이 기억하기도 쉽습니다. 도형이
분수 개념이나 연산과는 별개일 것이라는 편견도 사라지게 됩니다. 따라서 「분수
비법 시리즈」로 공부하면 분수에 대한 이해는 물론 흥미와 문제 해결력을 높일 수
있습니다.

3. 정사각형을 사용해서 개념도 설명하고 문제도 해결합니다.

　「분수 비법 시리즈」에서는 고정된 크기의 정사각형 그림이 등장합니다. 학생들이
분수를 어려워하는 이유는, 분수가 전체에 대한 '상대적'인 크기를 나타내기
때문입니다. 분수를 처음 배울 때 기준 도형의 크기가 일정하지 않으면 매우
혼란스럽습니다. 처음 분수를 배우는 학생들이 겪는 이런 어려움을 완화시켜

주려면, '1'을 나타내는 도형을 고정하여 제시하는 것이 좋습니다. 따라서 「분수 비법 시리즈」로 공부하면 혼란스럽지 않게 분수 개념을 잘 받아들일 수 있습니다.

4. 영역을 넘나들며 개념을 서로 연결합니다.

「분수 비법 시리즈」는 수학적으로 서로 연결된 내용을 쉽고 자연스럽게 익히도록 합니다. 자연수 덧셈과 뺄셈에서와 같은 방식으로 설명하기 때문에 그 수가 자연수이든 분수이든 간에 단위가 같다면 덧셈과 뺄셈을 할 수 있다는 것을 쉽게 이해할 수 있습니다. 또한, 자연수 곱셈과 나눗셈을 할 때 사용한 직사각형 그림을 분수 곱셈에서도 사용하기 때문에 분수 곱셈과 나눗셈이 낯설지 않습니다. 따라서 「분수 비법 시리즈」로 공부하면 수학의 여러 영역이 사실은 서로 연결되어 있다는 것을 자연스럽게 깨달을 수 있습니다.

5. 여러 학년 내용을 단기간에 학습할 수 있습니다.

「분수 비법 시리즈」의 한 권 안에는 학교 수학에서 몇 개의 학기, 몇 개의 학년에 걸쳐 배우는 내용들이 모두 들어 있습니다. 『분수 비법-개념편』에는 '연속량'에 대한 분수 개념에서 시작해서 '이산량'에 대한 분수 개념까지가 들어 있고, '자연수의 분수만큼'에 대해 알아보는 내용과 '부분은 전체의 얼마인지'에 대해 알아보는 내용도 연결시켜 다룹니다. 『분수 비법-연산편 : 덧셈과 뺄셈』, 『분수 비법-연산편 : 곱셈과 나눗셈』에는 분모가 같은 분수의 덧셈과 뺄셈에서 분모가 다른 덧셈과 뺄셈, 그리고 분수 곱셈과 나눗셈까지가 짜임새 있게 담겨 있습니다. 따라서 「분수 비법 시리즈」를 교재로 사용하면 짧은 시간에 몰입하여 분수 개념과 연산에 대해 수월하게 터득할 수 있습니다.

분수의 개념

● **분수의 개념** ●

자연수가 사물의 개수를 세어 1, 2, 3, …으로 나타낸 것이라면, 분수는

1, 2, 3, …을 사용해서 전체에 대한 부분의 크기를 나타낸 것입니다.

전체와 부분의 관계를 한꺼번에 나타내야 하기 때문에 분수는 두 개의 수를

사용해서, $\dfrac{분자}{분모}$의 모양을 합니다.

전체를 부분으로 나눌 때에는 똑같은 크기로 나누어야 하기 때문에 분수는

나눗셈과도 연결되고, $\dfrac{나누어지는\ 수}{나누는\ 수}$의 모양을 하게 됩니다.

또한, 분수는 비교하는 대상이 기준에 대해서 몇분의 몇인지를 나타내기도

합니다. 이럴 때에는 $\dfrac{비교}{기준}$의 모양을 하게 됩니다.

분수는 이와 같이 여러 가지 개념을 나타냅니다. 하지만 두 개의 수를 사용해서
나타낸다는 사실은 변하지 않아요.

분수에서 가로선 아래를 '분모', 가로선 위를 '분자'라고 부릅니다.

$$\dfrac{\boxed{분자}}{\boxed{분모}} \quad \cdots\bullet\ 가로선$$

분자가 분모보다 작으면 그 분수의 크기는 1보다 작습니다.(진분수)

하지만 부분이 모여 전체보다 많아지거나 나누어지는 수가 나누는 수와 같거나 더
큰 경우도 있습니다. 이럴 때에는 분자가 분모보다 커지고 그 분수의 크기는 1보다
크거나 같게 됩니다.(가분수, 대분수)

● **연속량과 이산량** ●

식빵 1개를 나누어 분수로 나타내는 것은 어렵지 않지만, '18의 $\frac{1}{3}$은 얼마입니까?'
는 어렵습니다. 그래서 「분수 비법 시리즈」에서는 연속량은 물론 이산량도 쉽게
이해할 수 있도록, '전체'를 항상 '정사각형'으로 나타내었습니다.

(1) 연속량

피자 한 판, 사과 한 개, 식빵 한 개와 같이, 1개가 전체인 경우입니다.

식빵 1개를 3등분한 것 중의 하나는 전체의 $\frac{1}{3}$입니다.

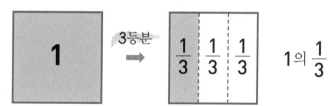

(2) 이산량

구슬 6개, 과일 12개, 빵 20개와 같이, 여러 개가 전체인 경우입니다.

구슬 18개를 똑같이 3봉지에 나누어 담으면, 한 봉지에 구슬 6개가 들어가요.

한 봉지 속 6개의 구슬은 전체의 $\frac{1}{3}$입니다.

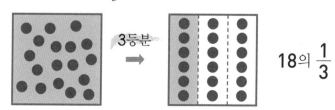

분수 비법(연산편:덧셈과 뺄셈)에 담긴 수학적 원리

● **시각화 : 도형을 사용한 시각적인 설명** ●

「분수 비법 시리즈」에서 정사각형은 자연수 1을 뜻하고, 정사각형을 똑같이 나눈 조각 1개는 단위 분수를 뜻합니다.

자연수에서 단위를 나타내는 것은 자리값이지만 분수에서는 '분모'입니다. 덧셈과 뺄셈을 하려면 '단위'가 같아야 하기 때문에, 분수 덧셈과 뺄셈을 하려면 일단 분모를 똑같게 만들어야 합니다.

『분수 비법-연산편 : 덧셈과 뺄셈』에서는 정사각형을 나눈 조각들끼리 서로 합치거나 지우는 '그림'을 통해 덧셈과 뺄셈 과정을 이해하게 하고, 조각을 잘게 나누거나 조각끼리 묶는 '그림'을 통해 통분과 약분 과정을 이해하게 합니다. 시각적인 설명은 이해하기도 쉽고 기억하기도 쉽습니다. 또한 스스로 납득을 했기 때문에, 통분할 때 왜 분자와 분모에 같은 수를 곱하는지, 약분할 때 왜 분자와 분모에 같은 수를 나누는지에 대해서 묻는 서술형 평가나 토론 수업 시간에 자신있게 나서서 이유를 설명할 수 있게 됩니다.

[크기가 같은 분수 만들기]

하나의 분수를 분모가 다른 여러 가지 분수로 나타낼 수 있다는 것을 직관적으로 알 수 있도록 조각을 나누는 그림이 제시됩니다. 이 과정을 통해, 분자와 분모에 같은 수를 곱하는 것의 의미가 무엇인지를 깨달을 수 있습니다.

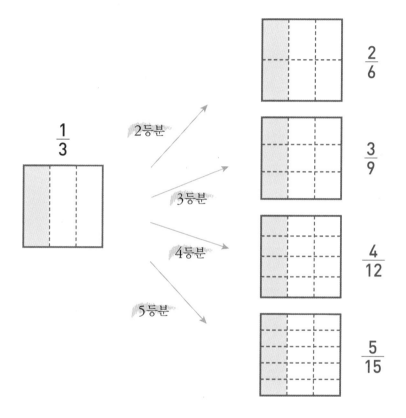

[통분하기]

　　조각을 잘게 '나누기' 그림을 통해 통분 과정을 직관적으로 이해하게 합니다. 또한 조각을 잘게 자르면 조각의 크기는 줄지만 전체 조각의 개수는 늘어난다는 사실을 통해, 통분을 할 때 왜 분자와 분모에 '같은 수 곱하기'를 하는지 그 이유도 납득할 수 있습니다.

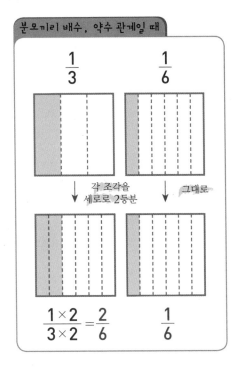

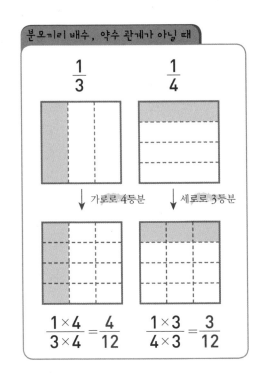

[약분하기]

    작은 조각들끼리 '묶기' 그림을 통해 약분 과정을 직관적으로 이해하게 합니다. 이렇게 하면, 약분할 때 분자와 분모에 '같은 수로 나누기'를 왜 하는지, 그 이유를 자연스럽게 깨달을 수 있으며 다른 이에게 설명할 수도 있습니다.

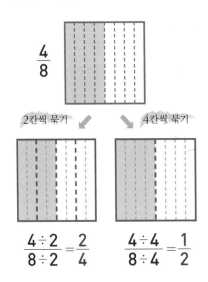

학부모님께

1. 첫 분수 교재로 사용해 주세요.

"우리 아이는 자연수는 잘하는데 분수는 싫어해요."라거나, "분수 개념은 아는데 분수 계산만 나오면 어쩔 줄 몰라해요."라는 부모님들이 있습니다. 또, "초등 수학은 잘했는데 중학 수학도 잘할런지 걱정돼요."라거나, "중학교 수학은 초등과는 차원이 다르다면서요?"라는 부모님들도 있습니다.

처음에 잘 배워 두면 갈수록 쉬운 것이 수학입니다. 특히 분수의 경우엔 첫 경험이 매우 중요합니다. 맨 처음에 어떤 느낌을 갖느냐에 따라 분수를 쉬워하면서 잘하게 되기도 하고 그 반대가 되기도 합니다.

이 교재를 사용해서 처음 분수를 배우면, 분수를 아주 편안하게 대하게 될 것입니다. 또한, 분수 개념에 대한 호감이 생기고 문제도 잘 해결하게 될 것입니다. 물론, 고학년 학생들이 분수를 다시 복습하기 위해 이 교재를 사용하는 것도 좋습니다.

2. 지금 잘 배우면 나중에 쉬워진다고 이야기해 주세요.

수학은 서로 연결되어 있습니다. 자연수와 분수가 연결되어 있고, 초등과 중등도 연결되어 있습니다. 서로 연결되어 있기 때문에, 지금 배운 것을 잘 알면 다음에 새로운 것이 나와도 쉽게 익힐 수 있습니다. 「분수 비법 시리즈」는 자연수 개념을 바탕으로 분수 개념을 이해하는 방법, 자연수 연산법을 활용해서 분수 연산을 익히는 방법을 알려 주는 교재입니다. 이런 식으로 수학의 모든 단원과 학년을 서로 연결해서 학습하면, 수학이 쉬워집니다.

3. 아이가 직접 그림을 그리면서 익히게 해 주세요.

「분수 비법 시리즈」에는 그림을 그리는 과정이 많습니다. 그림 그리기를 번거롭게 생각하지 마시고 적극적으로 활용해 주세요. 어른들은 말로 설명하는 것이 더 간단하게 느껴지지만, 받아들이는 아이들 입장에서는 그림이 더 쉽습니다. 그림 그리기를 귀찮아하거나 유치하게 생각하는 어린이들도 있는데, 그림을 그리지 않아도 척척 문제를 푼다면 굳이 그림을 그리지 않아도 됩니다. 하지만 처음엔 좀 번거롭더라도 자신이 직접 도형 그리기를 하다 보면, 다른 친구들이 어려워하는 문제도 쉽게 해결하는 신기한 경험을 하게 될 것입니다.

4. 교재를 융통성 있게 활용해 주세요.

아이의 성향에 따라 유연하게 이 교재를 사용해 주시기 바랍니다.

아이가 잘 따라 하고 집중력이 있으면 그 자리에서 1부터 4단계까지 진도를 나가도 됩니다.

하지만 일정한 양을 정해서 풀게 하는 것이 좋습니다. 그래도 너무 적은 양씩 오랜 기간 동안 풀게 하지는 마시기 바랍니다. 어떤 원리를 터득하려면 약간은 몰입해서 공부하는 게 좋기 때문입니다.

일반적인 아이들의 경우엔, 차근차근 진도를 나가 주세요. 한 권을 마스터하는데, 주 1~2회씩 4주 정도의 진도를 권합니다.

부디 이 교재가 우리 아이들이 수학에 대한 흥미와 자신감을 가지고 문제를 잘 해결하는 데 도움이 되기를 바랍니다.

김미선

분모가 같은
분수의 덧셈

분모가 같은 분수의 덧셈

(1) (단위분수)+(단위분수)

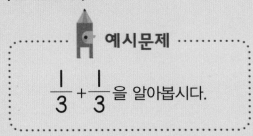

예시문제

$\dfrac{1}{3} + \dfrac{1}{3}$ 을 알아봅시다.

정사각형 1개를 1이라고 합시다.

정사각형에 칸을 나누어 분수만큼 각각 색칠한 다음, 서로 합치세요.

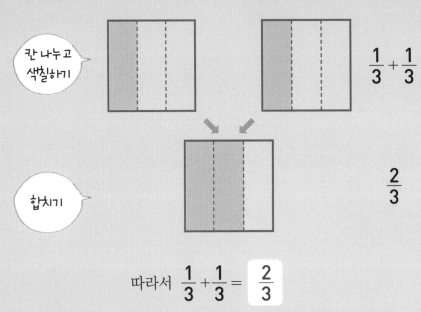

칸 나누고 색칠하기

$\dfrac{1}{3} + \dfrac{1}{3}$

합치기

$\dfrac{2}{3}$

따라서 $\dfrac{1}{3} + \dfrac{1}{3} = \boxed{\dfrac{2}{3}}$

 핵심 포인트 분모가 똑같으면 한 조각의 크기도 똑같아서 서로 더할 수 있어요.
이때, 분모는 바뀌지 않습니다.

분모가 같은 분수의 덧셈

도전문제(1)

정사각형에 분수만큼 색칠하여 답을 구하세요.

① $\dfrac{1}{4} + \dfrac{1}{4} =$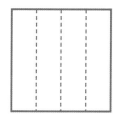

② $\dfrac{1}{5} + \dfrac{1}{5} =$

③ $\dfrac{1}{6} + \dfrac{1}{6} =$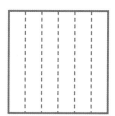

④ $\dfrac{1}{7} + \dfrac{1}{7} =$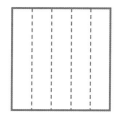

⑤ $\dfrac{1}{8} + \dfrac{1}{8} =$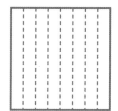

⑥ $\dfrac{1}{9} + \dfrac{1}{9} =$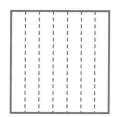

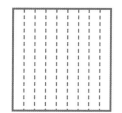

분모가 같은 분수의 덧셈

(2) (진분수)+(진분수)

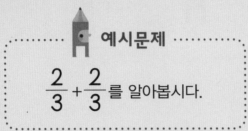

> ●━━ 예시문제 ━━●
>
> $\dfrac{2}{3}+\dfrac{2}{3}$ 를 알아봅시다.

정사각형에 칸을 나누어 분수만큼 각각 색칠한 다음, 서로 합치세요.

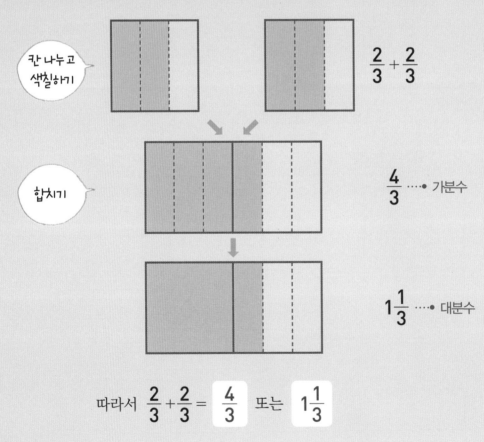

칸 나누고 색칠하기 $\dfrac{2}{3}+\dfrac{2}{3}$

합치기 $\dfrac{4}{3}$ ····● 가분수

$1\dfrac{1}{3}$ ····● 대분수

따라서 $\dfrac{2}{3}+\dfrac{2}{3}=\boxed{\dfrac{4}{3}}$ 또는 $\boxed{1\dfrac{1}{3}}$

 핵심 포인트 합친 조각의 개수가 분모보다 더 크기 때문에 가분수가 되었어요. 이것을 대분수로도 나타낼 수 있습니다.

정사각형에 분수만큼 색칠하여 답을 구하세요.

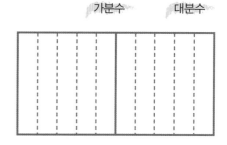

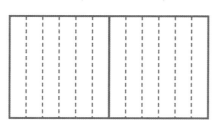

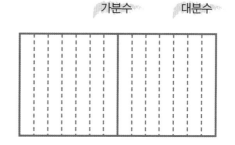

분모가 같은 분수의 덧셈

정사각형에 분수만큼 색칠하여 답을 구하세요.

① $\dfrac{3}{4} + \dfrac{3}{4} =$ 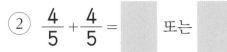 또는

가분수   대분수

② $\dfrac{4}{5} + \dfrac{4}{5} =$ 또는

가분수   대분수

③ $\dfrac{5}{6} + \dfrac{4}{6} =$ 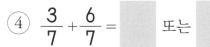 또는

가분수   대분수

④ $\dfrac{3}{7} + \dfrac{6}{7} =$ 또는

가분수   대분수

18

정사각형에 분수만큼 색칠하여 답을 구하세요.

① $\dfrac{5}{6} + \dfrac{2}{6} =$ ☐ 또는 ☐

가분수　　　대분수

② $\dfrac{6}{7} + \dfrac{6}{7} =$ ☐ 또는 ☐

가분수　　　대분수

③ $\dfrac{4}{8} + \dfrac{7}{8} =$ ☐ 또는 ☐

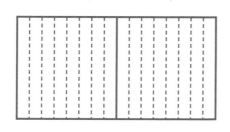

가분수　　　대분수

④ $\dfrac{8}{9} + \dfrac{8}{9} =$ ☐ 또는 ☐

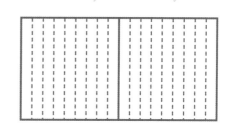

가분수　　　대분수

분모가 같은 분수의 덧셈

(3) (가분수)+(진분수)

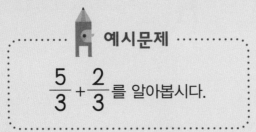

예시문제

$\dfrac{5}{3}+\dfrac{2}{3}$ 를 알아봅시다.

정사각형에 칸을 나누어 분수만큼 각각 색칠한 다음, 서로 합치세요.

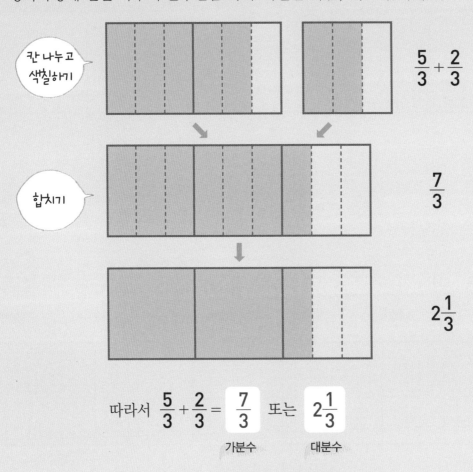

칸 나누고
색칠하기

$\dfrac{5}{3}+\dfrac{2}{3}$

합치기

$\dfrac{7}{3}$

$2\dfrac{1}{3}$

따라서 $\dfrac{5}{3}+\dfrac{2}{3}=\boxed{\dfrac{7}{3}}$ 또는 $\boxed{2\dfrac{1}{3}}$

가분수   대분수

정사각형에 분수만큼 색칠하여 답을 구하세요.

① $\dfrac{6}{4} + \dfrac{3}{4} =$ ☐ 또는 ☐

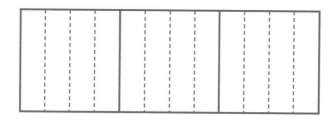

② $\dfrac{4}{5} + \dfrac{7}{5} =$ ☐ 또는 ☐

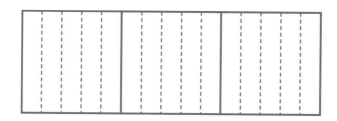

③ $\dfrac{7}{6} + \dfrac{5}{6} =$ ☐ 또는 ☐

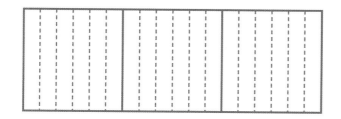

분모가 같은 분수의 덧셈

정사각형에 분수만큼 색칠하여 답을 구하세요.

① $\dfrac{1}{4} + \dfrac{10}{4} = $ [   ] 또는 [   ]

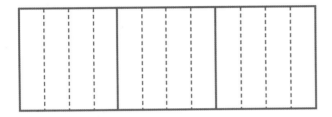

② $\dfrac{2}{5} + \dfrac{11}{5} = $ [   ] 또는 [   ]

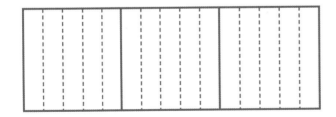

③ $\dfrac{13}{6} + \dfrac{4}{6} = $ [   ] 또는 [   ]

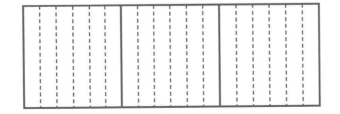

분모가 같은 분수의 덧셈

정사각형에 분수만큼 색칠하여 답을 구하세요.

① $\dfrac{5}{7} + \dfrac{11}{7} =$ ⬜ 또는 ⬜

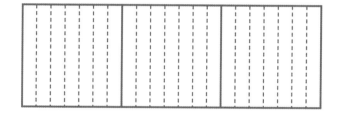

② $\dfrac{13}{8} + \dfrac{6}{8} =$ ⬜ 또는 ⬜

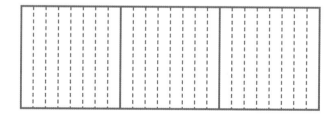

③ $\dfrac{4}{9} + \dfrac{15}{9} =$ ⬜ 또는 ⬜

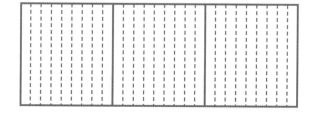

분모가 같은 분수의 덧셈

(4) (가분수)+(가분수)

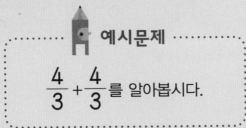

예시문제

$\dfrac{4}{3} + \dfrac{4}{3}$ 를 알아봅시다.

정사각형에 칸을 나누어 분수만큼 각각 색칠한 다음, 서로 합치세요.

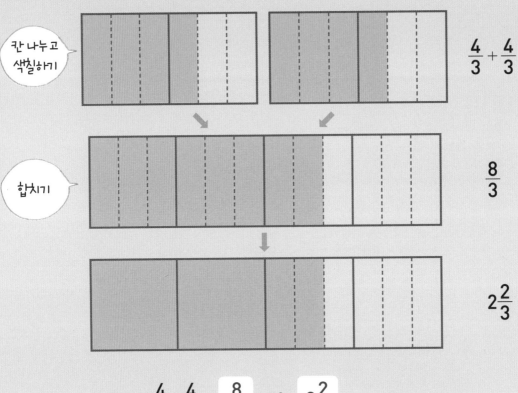

칸 나누고 색칠하기

$\dfrac{4}{3} + \dfrac{4}{3}$

합치기

$\dfrac{8}{3}$

$2\dfrac{2}{3}$

따라서 $\dfrac{4}{3} + \dfrac{4}{3} = \dfrac{8}{3}$ 또는 $2\dfrac{2}{3}$

가분수   대분수

정사각형에 분수만큼 색칠하여 답을 구하세요.

① $\dfrac{6}{4} + \dfrac{7}{4} =$ ☐ 또는 ☐

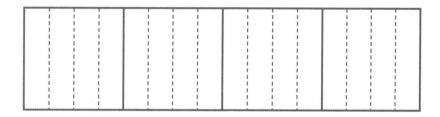

② $\dfrac{8}{5} + \dfrac{9}{5} =$ ☐ 또는 ☐

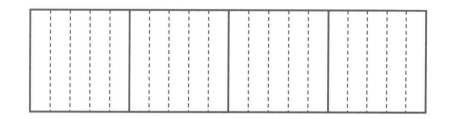

③ $\dfrac{13}{6} + \dfrac{11}{6} =$ ☐ 또는 ☐

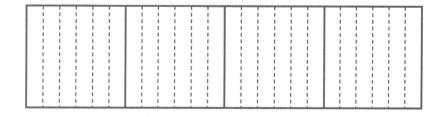

분모가 같은 분수의 덧셈

정사각형에 분수만큼 색칠하여 답을 구하세요.

① $\dfrac{9}{4} + \dfrac{6}{4} =$ ☐ 또는 ☐

② $\dfrac{7}{5} + \dfrac{11}{5} =$ ☐ 또는 ☐

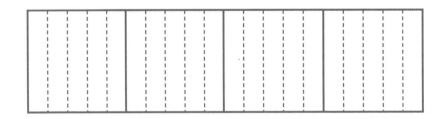

③ $\dfrac{15}{6} + \dfrac{8}{6} =$ ☐ 또는 ☐

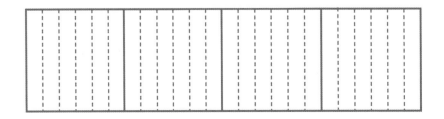

분모가 같은 분수의 덧셈

정사각형에 분수만큼 색칠하여 답을 구하세요.

① $\dfrac{13}{7} + \dfrac{11}{7} =$ ☐ 또는 ☐

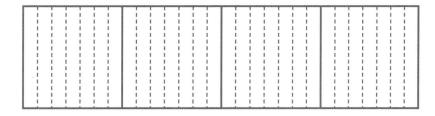

② $\dfrac{17}{8} + \dfrac{14}{8} =$ ☐ 또는 ☐

③ $\dfrac{12}{9} + \dfrac{17}{9} =$ ☐ 또는 ☐

분모가 같은 분수의 덧셈

(5) (대분수)+(대분수)

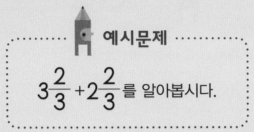

예시문제

$3\frac{2}{3}+2\frac{2}{3}$ 를 알아봅시다.

두 분수를 각각 자연수와 분수로 가른 다음, 자연수는 자연수끼리 더하고 분수는 분수끼리 더하세요.

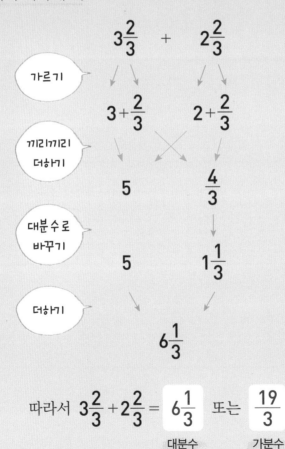

$3\frac{2}{3}$ + $2\frac{2}{3}$

가르기

$3+\frac{2}{3}$ $2+\frac{2}{3}$

끼리끼리 더하기

5        $\frac{4}{3}$

대분수로 바꾸기

5        $1\frac{1}{3}$

더하기

$6\frac{1}{3}$

따라서 $3\frac{2}{3}+2\frac{2}{3}=$ $6\frac{1}{3}$ 또는 $\frac{19}{3}$

대분수   가분수

분모가 같은 분수의 덧셈

빈칸에 알맞은 수를 쓰세요.

① $1\frac{3}{4} + 1\frac{2}{4} = $ ☐ 또는 ☐

② $6\frac{2}{3} + 5\frac{2}{3} = $ ☐ 또는 ☐

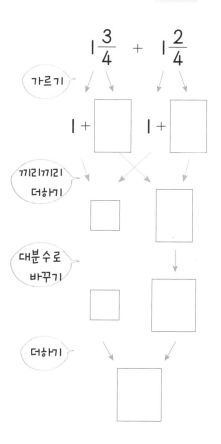

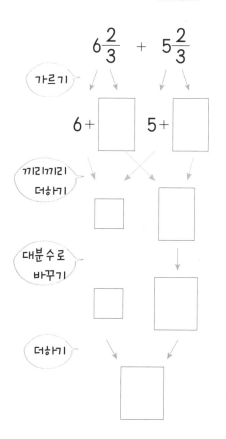

분모가 같은 분수의 덧셈

빈칸에 알맞은 수를 쓰세요.

① $1\frac{3}{5} + 4\frac{1}{5} = $ ▢ 또는 ▢

$1\frac{3}{5} \quad + \quad 4\frac{1}{5}$

▢ ▢

▢

② $3\frac{3}{6} + 4\frac{2}{6} = $ ▢ 또는 ▢

$3\frac{3}{6} \quad + \quad 4\frac{2}{6}$

▢ ▢

▢

③ $5\frac{3}{7} + 8\frac{2}{7} = $ ▢ 또는 ▢

$5\frac{3}{7} \quad + \quad 8\frac{2}{7}$

▢ ▢

▢

④ $9\frac{1}{8} + 12\frac{4}{8} = $ ▢ 또는 ▢

$9\frac{1}{8} \quad + \quad 12\frac{4}{8}$

▢ ▢

▢

 도전문제(3)

빈칸에 알맞은 수를 쓰세요.

① $1\dfrac{3}{5} + 3\dfrac{4}{5} =$ ⬜ 또는 ⬜

$$1\dfrac{3}{5} \;+\; 3\dfrac{4}{5}$$

⬜ ⬜

⬜

② $4\dfrac{3}{6} + 4\dfrac{5}{6} =$ ⬜ 또는 ⬜

$$4\dfrac{3}{6} \;+\; 4\dfrac{5}{6}$$

⬜ ⬜

⬜

③ $3\dfrac{6}{7} + 5\dfrac{2}{7} =$ ⬜ 또는 ⬜

$$3\dfrac{6}{7} \;+\; 5\dfrac{2}{7}$$

⬜ ⬜

⬜

④ $3\dfrac{7}{8} + 7\dfrac{4}{8} =$ ⬜ 또는 ⬜

$$3\dfrac{7}{8} \;+\; 7\dfrac{4}{8}$$

⬜ ⬜

⬜

분모가 같은 분수의 덧셈

(6) (가분수)+(대분수)

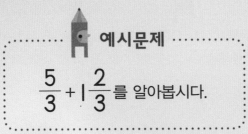

예시문제

$\dfrac{5}{3} + 1\dfrac{2}{3}$ 를 알아봅시다.

두 분수의 모양을 똑같이 만들어서 계산하면 됩니다.

대분수를 가분수로 바꾼 다음, 가분수의 덧셈으로 계산하세요.

또는, 가분수를 대분수로 바꾼 다음, 대분수의 덧셈으로 계산하세요.

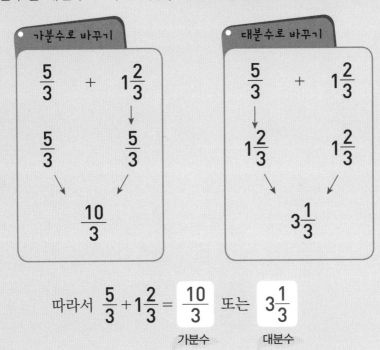

가분수로 바꾸기

$$\dfrac{5}{3} \quad + \quad 1\dfrac{2}{3}$$
$$\dfrac{5}{3} \qquad \dfrac{5}{3}$$
$$\dfrac{10}{3}$$

대분수로 바꾸기

$$\dfrac{5}{3} \quad + \quad 1\dfrac{2}{3}$$
$$1\dfrac{2}{3} \qquad 1\dfrac{2}{3}$$
$$3\dfrac{1}{3}$$

따라서 $\dfrac{5}{3} + 1\dfrac{2}{3} = \dfrac{10}{3}$ 또는 $3\dfrac{1}{3}$

가분수   대분수

 핵심 포인트 문제에 주어진 두 분수를 잘 보고 대분수로 바꾸어 계산하는 게 간단할지, 가분수로 바꾸어 계산하는 게 간단할지를 생각해 보세요!

빈칸에 알맞은 수를 쓰세요.

① $\dfrac{9}{4} + 2\dfrac{2}{4} =$ ☐ 또는 ☐

② $4\dfrac{2}{5} + \dfrac{7}{5} =$ ☐ 또는 ☐

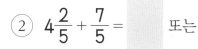

$$\dfrac{9}{4} \quad + \quad 2\dfrac{2}{4}$$

가분수로 바꾸기

$$\dfrac{9}{4} \qquad ☐$$

☐

$$4\dfrac{2}{5} \quad + \quad \dfrac{7}{5}$$

대분수로 바꾸기

$$4\dfrac{2}{5} \qquad ☐$$

☐

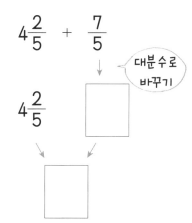

③ $\dfrac{13}{6} + 2\dfrac{4}{6} =$ ☐ 또는 ☐

④ $5\dfrac{1}{7} + \dfrac{15}{7} =$ ☐ 또는 ☐

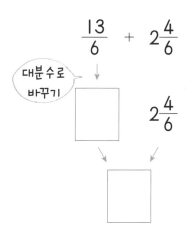

$$\dfrac{13}{6} \quad + \quad 2\dfrac{4}{6}$$

대분수로 바꾸기

☐ $\qquad 2\dfrac{4}{6}$

☐

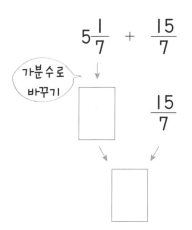

$$5\dfrac{1}{7} \quad + \quad \dfrac{15}{7}$$

가분수로 바꾸기

☐ $\qquad \dfrac{15}{7}$

☐

분모가 같은 분수의 덧셈

빈칸에 알맞은 수를 쓰세요.

① $\dfrac{8}{3} + 4\dfrac{2}{3} = $ ▢ 또는 ▢

$\dfrac{8}{3}$ + $4\dfrac{2}{3}$

↓ 가분수로 바꾸기

$\dfrac{8}{3}$ ▢

↓ ↓

▢

② $3\dfrac{3}{5} + \dfrac{11}{5} = $ ▢ 또는 ▢

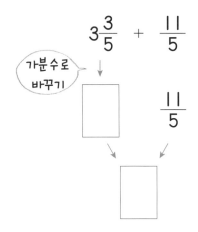

③ $5\dfrac{5}{6} + \dfrac{14}{6} = $ ▢ 또는 ▢

$5\dfrac{5}{6}$ + $\dfrac{14}{6}$

↓ 대분수로 바꾸기

$5\dfrac{5}{6}$ ▢

↓ ↓

▢

④ $\dfrac{15}{7} + 9\dfrac{3}{7} = $ ▢ 또는 ▢

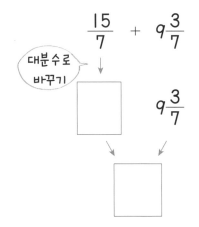

빈칸에 알맞은 수를 쓰세요.

① $\dfrac{13}{4} + 4\dfrac{2}{4} =$ ⬚ 또는 ⬚

② $7\dfrac{2}{5} + \dfrac{22}{5} =$ ⬚ 또는 ⬚

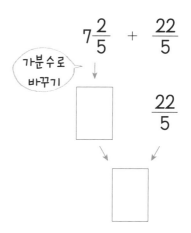

③ $14\dfrac{3}{7} + \dfrac{19}{7} =$ ⬚ 또는 ⬚

④ $\dfrac{14}{8} + 19\dfrac{7}{8} =$ ⬚ 또는 ⬚

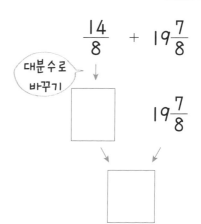

분모가 같은 분수의 덧셈

연습문제(1)

빈칸에 알맞은 수를 쓰세요.

① $\dfrac{2}{7} + \dfrac{4}{7} =$

② $\dfrac{1}{8} + \dfrac{6}{8} =$

③ $\dfrac{2}{9} + \dfrac{5}{9} =$

④ $\dfrac{3}{10} + \dfrac{4}{10} =$

⑤ $\dfrac{4}{11} + \dfrac{5}{11} =$

⑥ $\dfrac{6}{12} + \dfrac{5}{12} =$

⑦ $\dfrac{7}{13} + \dfrac{5}{13} =$

⑧ $\dfrac{3}{14} + \dfrac{6}{14} =$

⑨ $\dfrac{7}{15} + \dfrac{7}{15} =$

⑩ $\dfrac{7}{16} + \dfrac{4}{16} =$

⑪ $\dfrac{8}{17} + \dfrac{7}{17} =$

⑫ $\dfrac{9}{18} + \dfrac{4}{18} =$

연습문제(2)

빈칸에 알맞은 수를 쓰세요.

① $\dfrac{5}{7} + \dfrac{4}{7} =$ ⬚ 또는 ⬚

② $\dfrac{6}{8} + \dfrac{3}{8} =$ ⬚ 또는 ⬚

③ $\dfrac{6}{9} + \dfrac{5}{9} =$ ⬚ 또는 ⬚

④ $\dfrac{3}{10} + \dfrac{8}{10} =$ ⬚ 또는 ⬚

⑤ $\dfrac{7}{11} + \dfrac{9}{11} =$ ⬚ 또는 ⬚

⑥ $\dfrac{6}{12} + \dfrac{11}{12} =$ ⬚ 또는 ⬚

⑦ $\dfrac{7}{13} + \dfrac{8}{13} =$ ⬚ 또는 ⬚

⑧ $\dfrac{13}{14} + \dfrac{6}{14} =$ ⬚ 또는 ⬚

⑨ $\dfrac{12}{15} + \dfrac{7}{15} =$ ⬚ 또는 ⬚

⑩ $\dfrac{15}{16} + \dfrac{14}{16} =$ ⬚ 또는 ⬚

⑪ $\dfrac{11}{17} + \dfrac{13}{17} =$ ⬚ 또는 ⬚

⑫ $\dfrac{10}{18} + \dfrac{15}{18} =$ ⬚ 또는 ⬚

분모가 같은 분수의 덧셈

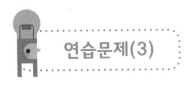
빈칸에 알맞은 수를 쓰세요.

① $\dfrac{11}{4} + \dfrac{2}{4} =$ ☐ 또는 ☐

② $5\dfrac{3}{4} + \dfrac{16}{4} =$ ☐ 또는 ☐

③ $\dfrac{11}{5} + \dfrac{2}{5} =$ ☐ 또는 ☐

④ $5\dfrac{3}{5} + \dfrac{16}{5} =$ ☐ 또는 ☐

⑤ $\dfrac{11}{6} + \dfrac{2}{6} =$ ☐ 또는 ☐

⑥ $5\dfrac{3}{6} + \dfrac{16}{6} =$ ☐ 또는 ☐

⑦ $\dfrac{11}{8} + \dfrac{2}{8} =$ ☐ 또는 ☐

⑧ $5\dfrac{3}{7} + \dfrac{16}{7} =$ ☐ 또는 ☐

⑨ $\dfrac{11}{9} + \dfrac{2}{9} =$ ☐ 또는 ☐

⑩ $5\dfrac{3}{8} + \dfrac{16}{8} =$ ☐ 또는 ☐

⑪ $\dfrac{11}{10} + \dfrac{2}{10} =$ ☐ 또는 ☐

⑫ $5\dfrac{3}{9} + \dfrac{16}{9} =$ ☐ 또는 ☐

빈칸에 알맞은 수를 쓰세요.

① $\dfrac{11}{4} + \dfrac{12}{4} =$ 　　 또는 　　

② $\dfrac{13}{5} + \dfrac{16}{5} =$ 　　 또는 　　

③ $\dfrac{17}{6} + \dfrac{12}{6} =$ 　　 또는 　　

④ $\dfrac{23}{7} + \dfrac{16}{7} =$ 　　 또는 　　

⑤ $\dfrac{21}{8} + \dfrac{11}{8} =$ 　　 또는 　　

⑥ $\dfrac{13}{9} + \dfrac{25}{9} =$ 　　 또는 　　

⑦ $\dfrac{17}{10} + \dfrac{24}{10} =$ 　　 또는 　　

⑧ $\dfrac{31}{11} + \dfrac{12}{11} =$ 　　 또는 　　

⑨ $\dfrac{27}{12} + \dfrac{22}{12} =$ 　　 또는 　　

⑩ $\dfrac{16}{13} + \dfrac{16}{13} =$ 　　 또는 　　

⑪ $\dfrac{40}{14} + \dfrac{13}{14} =$ 　　 또는 　　

⑫ $\dfrac{31}{15} + \dfrac{20}{15} =$ 　　 또는

분모가 같은 분수의 덧셈

연습문제(5)

빈칸에 알맞은 수를 쓰세요.(단, 답은 가분수로만 적으세요.)

① $3\frac{1}{4} + 1\frac{2}{4} =$

② $4\frac{2}{5} + 2\frac{1}{5} =$

③ $6\frac{1}{2} + 7\frac{1}{2} =$

④ $3\frac{1}{2} + 9\frac{1}{2} =$

⑤ $3\frac{2}{6} + 5\frac{3}{6} =$

⑥ $7\frac{1}{6} + 8\frac{5}{6} =$

⑦ $5\frac{3}{7} + 8\frac{2}{7} =$

⑧ $6\frac{1}{7} + 11\frac{3}{7} =$

⑨ $13\frac{2}{8} + 21\frac{3}{8} =$

⑩ $9\frac{5}{8} + 21\frac{2}{8} =$

⑪ $27\frac{1}{9} + 13\frac{4}{9} =$

⑫ $25\frac{3}{9} + 25\frac{4}{9} =$

연습문제(6)

빈칸에 알맞은 수를 쓰세요.(단, 답은 대분수나 자연수로만 적으세요.)

① $3\frac{3}{4} + 1\frac{2}{4} =$

② $4\frac{4}{5} + 2\frac{3}{5} =$

③ $6\frac{1}{4} + 7\frac{3}{4} =$

④ $3\frac{1}{5} + 9\frac{4}{5} =$

⑤ $3\frac{5}{6} + 5\frac{2}{6} =$

⑥ $7\frac{2}{6} + 8\frac{5}{6} =$

⑦ $5\frac{6}{7} + 8\frac{5}{7} =$

⑧ $6\frac{5}{7} + 11\frac{4}{7} =$

⑨ $13\frac{7}{8} + 21\frac{4}{8} =$

⑩ $9\frac{7}{8} + 21\frac{6}{8} =$

⑪ $27\frac{8}{9} + 13\frac{5}{9} =$

⑫ $25\frac{5}{9} + 25\frac{4}{9} =$

분모가 같은 분수의 덧셈

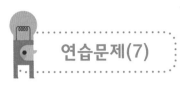
빈칸에 알맞은 수를 쓰세요.(단, 답은 대분수로만 적으세요.)

① $3\dfrac{7}{12} + 5\dfrac{10}{12} = $

② $12\dfrac{6}{13} + 17\dfrac{8}{13} = $

③ $5\dfrac{7}{14} + 11\dfrac{10}{14} = $

④ $21\dfrac{7}{15} + 31\dfrac{7}{15} = $

⑤ $28\dfrac{9}{16} + 14\dfrac{8}{16} = $

⑥ $34\dfrac{7}{17} + 24\dfrac{5}{17} = $

⑦ $50\dfrac{6}{18} + 33\dfrac{17}{18} = $

⑧ $42\dfrac{15}{19} + 18\dfrac{6}{19} = $

⑨ $27\dfrac{13}{20} + 25\dfrac{10}{20} = $

⑩ $53\dfrac{6}{21} + \dfrac{100}{21} = $

⑪ $100\dfrac{17}{24} + 100\dfrac{16}{24} = $

⑫ $29\dfrac{19}{100} + 59\dfrac{98}{100} = $

분모가 같은
분수의 뺄셈

분모가 같은 분수의 뺄셈

(1) (진분수)−(진분수)

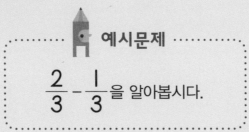

예시문제

$\dfrac{2}{3} - \dfrac{1}{3}$ 을 알아봅시다.

정사각형에 칸을 나누어 분수만큼 각각 색칠한 다음, 빼는 수만큼 ✕표 하면 됩니다.

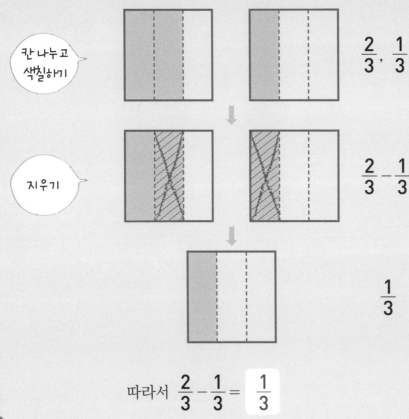

칸 나누고 색칠하기 　　　　　　　　　　　 $\dfrac{2}{3}$, $\dfrac{1}{3}$

지우기 　　　　　　　　　　　 $\dfrac{2}{3} - \dfrac{1}{3}$

$\dfrac{1}{3}$

따라서 $\dfrac{2}{3} - \dfrac{1}{3} = \boxed{\dfrac{1}{3}}$

 핵심 포인트 분모가 똑같으면 한 조각의 크기도 똑같아서 서로 뺄 수 있어요. 이때, 분모는 바뀌지 않습니다.

분모가 같은 분수의 뺄셈

도전문제(1)

정사각형에 첫 번째 분수만큼 색칠한 다음 빼는 수만큼 ✕표 하세요. 그리고
⬜ 안에 알맞은 분수를 쓰세요.

① $\dfrac{3}{4} - \dfrac{2}{4} =$

② $\dfrac{5}{6} - \dfrac{4}{6} =$

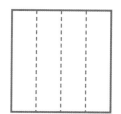
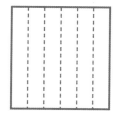

③ $\dfrac{3}{5} - \dfrac{2}{5} =$

④ $\dfrac{3}{6} - \dfrac{2}{6} =$

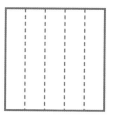
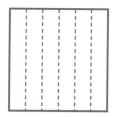

⑤ $\dfrac{7}{8} - \dfrac{4}{8} =$

⑥ $\dfrac{5}{7} - \dfrac{2}{7} =$

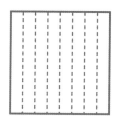
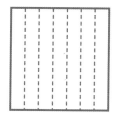

분모가 같은 분수의 뺄셈

정사각형에 첫 번째 분수만큼 색칠한 다음 빼는 수만큼 ×표 하세요. 그리고 ▨ 안에 알맞은 분수를 쓰세요.

① $\dfrac{3}{4} - \dfrac{1}{4} =$ ▢

② $\dfrac{4}{5} - \dfrac{1}{5} =$ ▢

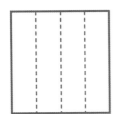

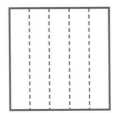

③ $\dfrac{5}{6} - \dfrac{3}{6} =$ ▢

④ $\dfrac{6}{7} - \dfrac{5}{7} =$ ▢

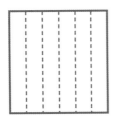

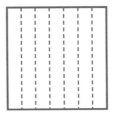

⑤ $\dfrac{6}{8} - \dfrac{3}{8} =$ ▢

⑥ $\dfrac{8}{9} - \dfrac{7}{9} =$ ▢

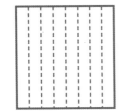

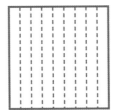

분모가 같은 분수의 뺄셈

도전문제(3)

정사각형에 첫 번째 분수만큼 색칠한 다음 빼는 수만큼 ×표 하세요. 그리고
안에 알맞은 분수를 쓰세요.

① $\dfrac{4}{5} - \dfrac{2}{5} =$

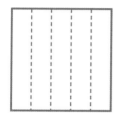

② $\dfrac{5}{6} - \dfrac{1}{6} =$

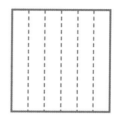

③ $\dfrac{6}{7} - \dfrac{2}{7} =$

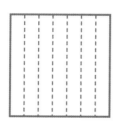

④ $\dfrac{5}{8} - \dfrac{1}{8} =$

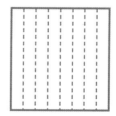

⑤ $\dfrac{8}{9} - \dfrac{7}{9} =$

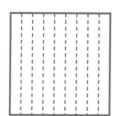

⑥ $\dfrac{9}{10} - \dfrac{4}{10} =$

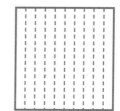

분모가 같은 분수의 뺄셈

(2) (가분수)−(진분수)

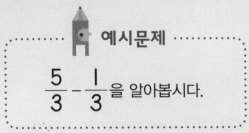

예시문제

$\dfrac{5}{3} - \dfrac{1}{3}$ 을 알아봅시다.

정사각형에 칸을 나누어 분수만큼 각각 색칠한 다음, 빼는 수만큼 ×표 하면 됩니다.

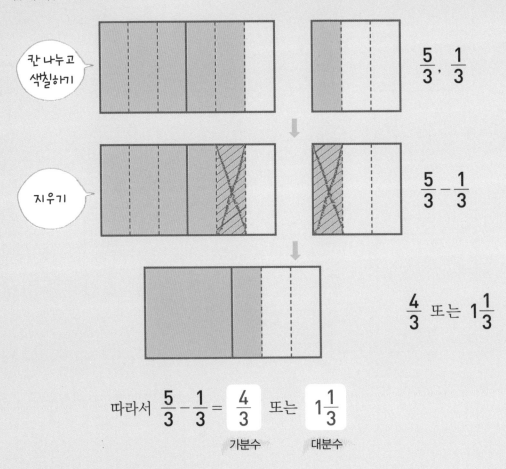

따라서 $\dfrac{5}{3} - \dfrac{1}{3} = \dfrac{4}{3}$ 또는 $1\dfrac{1}{3}$

가분수   대분수

정사각형에 첫 번째 분수만큼 색칠한 다음 빼는 수만큼 ×표 하세요. 그리고 □ 안에 알맞은 분수를 쓰세요.

① $\dfrac{6}{4} - \dfrac{1}{4} =$ ☐ 또는 ☐

② $\dfrac{9}{5} - \dfrac{2}{5} =$ ☐ 또는 ☐

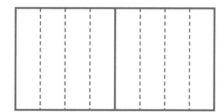

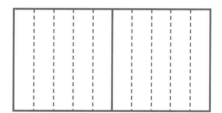

③ $\dfrac{11}{6} - \dfrac{4}{6} =$ ☐ 또는 ☐

④ $\dfrac{13}{7} - \dfrac{5}{7} =$ ☐ 또는 ☐

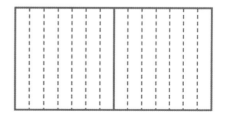

⑤ $\dfrac{15}{8} - \dfrac{3}{8} =$ ☐ 또는 ☐

⑥ $\dfrac{17}{9} - \dfrac{7}{9} =$ ☐ 또는 ☐

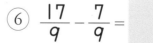

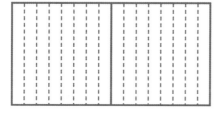

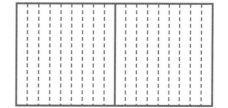

분모가 같은 분수의 뺄셈

정사각형에 첫 번째 분수만큼 색칠한 다음 빼는 수만큼 ✕표 하세요. 그리고
█ 안에 알맞은 분수를 쓰세요.

① $\dfrac{11}{4} - \dfrac{2}{4} =$ █ 또는 █

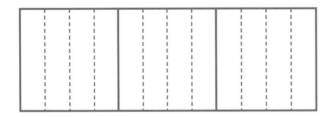

② $\dfrac{14}{5} - \dfrac{3}{5} =$ █ 또는 █

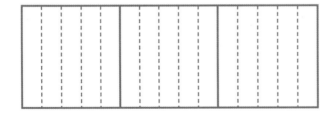

③ $\dfrac{17}{6} - \dfrac{4}{6} =$ █ 또는 █

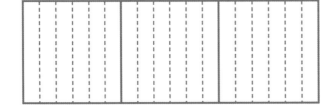

정사각형에 첫 번째 분수만큼 색칠한 다음 빼는 수만큼 ✕표 하세요. 그리고 █ 안에 알맞은 분수를 쓰세요.

① $\dfrac{20}{7} - \dfrac{4}{7} =$ █   또는 █

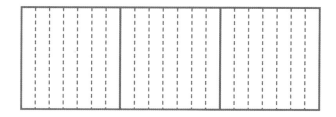

② $\dfrac{22}{8} - \dfrac{7}{8} =$ █   또는 █

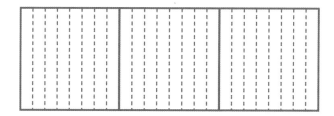

③ $\dfrac{25}{9} - \dfrac{2}{9} =$ █   또는 █

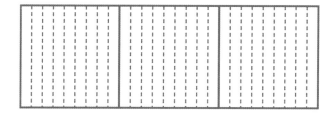

분모가 같은 분수의 뺄셈

(3) (자연수)−(분수)

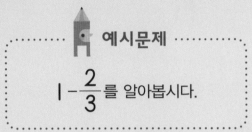

예시문제

$1 - \dfrac{2}{3}$ 를 알아봅시다.

자연수 1을 분수 $\dfrac{3}{3}$으로 바꾼 다음, 빼는 수만큼 ×표 하면 됩니다.

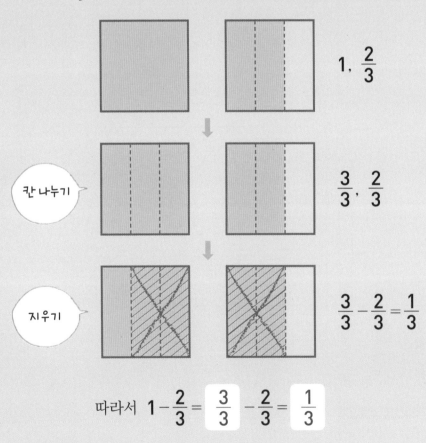

칸 나누기

지우기

$1, \dfrac{2}{3}$

$\dfrac{3}{3}, \dfrac{2}{3}$

$\dfrac{3}{3} - \dfrac{2}{3} = \dfrac{1}{3}$

따라서 $1 - \dfrac{2}{3} = \boxed{\dfrac{3}{3}} - \dfrac{2}{3} = \boxed{\dfrac{1}{3}}$

 핵심 포인트 자연수 1을 $\dfrac{3}{3}$으로 바꾼 이유는 1에서 빼는 분수 $\dfrac{2}{3}$의 분모가 3이기 때문입니다. $1 - \dfrac{1}{4}$을 계산할 때는 1을 $\dfrac{4}{4}$로 바꾸면 됩니다.

분모가 같은 분수의 뺄셈

도전문제(1)

정사각형의 칸을 나눈 다음, 빼는 수만큼 ×표 하여 답을 구하세요.

① $1 - \dfrac{3}{4} = \boxed{} - \dfrac{3}{4} = \boxed{}$

② $1 - \dfrac{2}{5} = \boxed{} - \dfrac{2}{5} = \boxed{}$

③ $1 - \dfrac{1}{6} = \boxed{} - \dfrac{1}{6} = \boxed{}$

④ $1 - \dfrac{4}{7} = \boxed{} - \dfrac{4}{7} = \boxed{}$

⑤ $1 - \dfrac{5}{8} = \boxed{} - \dfrac{5}{8} = \boxed{}$

⑥ $1 - \dfrac{4}{9} = \boxed{} - \dfrac{4}{9} = \boxed{}$

분모가 같은 분수의 뺄셈

정사각형의 칸을 나눈 다음, 빼는 수만큼 ✕표 하여 답을 구하세요.

① $2 - \dfrac{5}{4} = \dfrac{\square}{4} - \dfrac{5}{4} = $

② $2 - \dfrac{7}{5} = \dfrac{\square}{5} - \dfrac{7}{5} = $

③ $2 - \dfrac{7}{6} = \dfrac{\square}{6} - \dfrac{7}{6} = $

④ $2 - \dfrac{11}{7} = \dfrac{\square}{7} - \dfrac{11}{7} = $

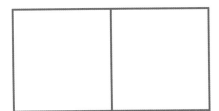

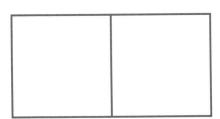

⑤ $2 - \dfrac{13}{8} = \dfrac{\square}{8} - \dfrac{13}{8} = $

⑥ $2 - \dfrac{14}{9} = \dfrac{\square}{9} - \dfrac{14}{9} = $

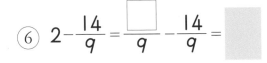

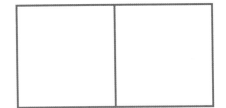

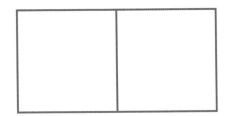

도전문제(3)

정사각형의 칸을 나눈 다음, 빼는 수만큼 ×표 하여 답을 구하세요.

① $1-\dfrac{3}{4}=$

② $3-\dfrac{3}{5}=$　또는

③ $1-\dfrac{5}{7}=$

④ $2-\dfrac{5}{6}=$　또는

⑤ $1-\dfrac{1}{8}=$

⑥ $3-\dfrac{1}{8}=$　또는

분모가 같은 분수의 뺄셈

(4) (대분수)−(분수)

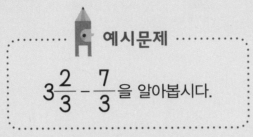

예시문제

$3\frac{2}{3} - \frac{7}{3}$을 알아봅시다.

두 분수의 모양을 똑같이 만들어서 계산하면 됩니다.

대분수를 가분수로 바꾼 다음, 가분수의 뺄셈으로 계산하세요.

또는, 가분수를 대분수로 바꾼 다음, 대분수의 뺄셈으로 계산해 보세요.

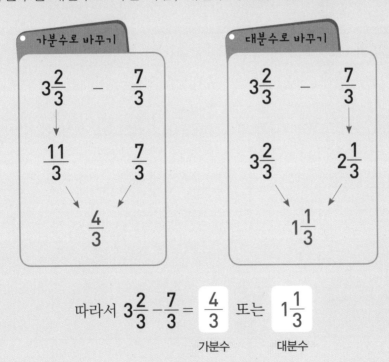

따라서 $3\frac{2}{3} - \frac{7}{3} = \boxed{\frac{4}{3}}$ 또는 $\boxed{1\frac{1}{3}}$

가분수   대분수

 핵심 포인트 문제에 주어진 두 분수를 잘 보고 대분수로 바꾸어 계산하는 게 간단할지, 가분수로 바꾸어 계산하는 게 간단할지를 생각해 보세요!

분모가 같은 분수의 뺄셈

 도전문제(1)

빈칸에 알맞은 수를 쓰세요.

① $3\dfrac{1}{4} - \dfrac{2}{4} = $ ☐ 또는 ☐

$$3\dfrac{1}{4} \quad - \quad \dfrac{2}{4}$$

 가분수로 바꾸기

☐ $\dfrac{2}{4}$

☐

② $4\dfrac{2}{5} - \dfrac{11}{5} = $ ☐ 또는 ☐

$$4\dfrac{2}{5} \quad - \quad \dfrac{11}{5}$$

대분수로 바꾸기

$4\dfrac{2}{5}$ ☐

☐

③ $3\dfrac{2}{6} - \dfrac{5}{6} = $ ☐ 또는 ☐

$$3\dfrac{2}{6} \quad - \quad \dfrac{5}{6}$$

 가분수로 바꾸기

☐ $\dfrac{5}{6}$

☐

④ $5\dfrac{3}{7} - \dfrac{15}{7} = $ ☐ 또는 ☐

$$5\dfrac{3}{7} \quad - \quad \dfrac{15}{7}$$

대분수로 바꾸기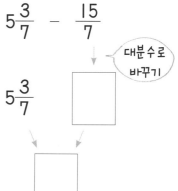

$5\dfrac{3}{7}$ ☐

☐

분모가 같은 분수의 뺄셈

빈칸에 알맞은 수를 쓰세요.

① $4\dfrac{2}{3} - \dfrac{8}{3} =$ ☐ 또는 ☐

$$4\dfrac{2}{3} \quad - \quad \dfrac{8}{3}$$

가분수로
바꾸기

☐ $\qquad \dfrac{8}{3}$

☐

② $3\dfrac{3}{5} - \dfrac{12}{5} =$ ☐ 또는 ☐

$$3\dfrac{3}{5} \quad - \quad \dfrac{12}{5}$$

대분수로
바꾸기

$3\dfrac{3}{5} \qquad$ ☐

☐

③ $5\dfrac{5}{6} - \dfrac{17}{6} =$ ☐ 또는 ☐

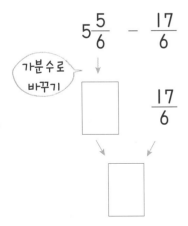

가분수로
바꾸기

④ $9\dfrac{3}{7} - \dfrac{36}{7} =$ ☐ 또는 ☐

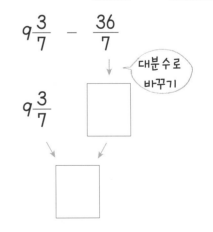

대분수로
바꾸기

도전문제(3)

빈칸에 알맞은 수를 쓰세요.(단, 답은 대분수로만 적으세요.)

① $11\dfrac{2}{8} - \dfrac{71}{8} =$ 　　　② $30\dfrac{7}{9} - \dfrac{92}{9} =$

$$11\dfrac{2}{8} \quad - \quad \dfrac{71}{8}$$

가분수로 바꾸기

☐ 　　 $\dfrac{71}{8}$

☐

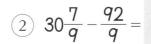

$$30\dfrac{7}{9} \quad - \quad \dfrac{92}{9}$$

대분수로 바꾸기

$30\dfrac{7}{9}$ 　　 ☐

☐

③ $51\dfrac{3}{10} - \dfrac{432}{10} =$ 　　　④ $99\dfrac{9}{10} - \dfrac{888}{10} =$

$$51\dfrac{3}{10} \quad - \quad \dfrac{432}{10}$$

가분수로 바꾸기

☐ 　　 $\dfrac{432}{10}$

☐

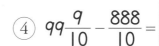

$$99\dfrac{9}{10} \quad - \quad \dfrac{888}{10}$$

대분수로 바꾸기

$99\dfrac{9}{10}$ 　　 ☐

☐

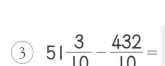

분모가 같은 분수의 뺄셈

(5) (대분수)−(대분수)

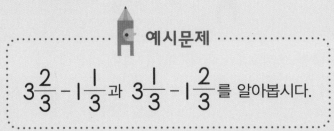

예시문제

$3\dfrac{2}{3}-1\dfrac{1}{3}$ 과 $3\dfrac{1}{3}-1\dfrac{2}{3}$ 를 알아봅시다.

두 분수를 각각 자연수와 분수로 가른 다음, 자연수는 자연수끼리 빼고 분수는 분수끼리 빼세요.

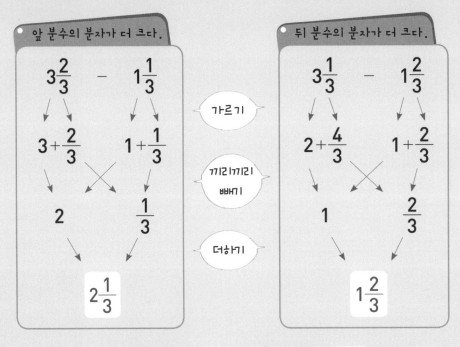

앞 분수의 분자가 더 크다.

$$3\dfrac{2}{3} \quad - \quad 1\dfrac{1}{3}$$

$$3+\dfrac{2}{3} \qquad 1+\dfrac{1}{3}$$

$$2 \qquad\qquad \dfrac{1}{3}$$

$$\boxed{2\dfrac{1}{3}}$$

가르기

끼리끼리 빼기

더하기

뒤 분수의 분자가 더 크다.

$$3\dfrac{1}{3} \quad - \quad 1\dfrac{2}{3}$$

$$2+\dfrac{4}{3} \qquad 1+\dfrac{2}{3}$$

$$1 \qquad\qquad \dfrac{2}{3}$$

$$\boxed{1\dfrac{2}{3}}$$

따라서 $3\dfrac{2}{3}-1\dfrac{1}{3} = \boxed{2\dfrac{1}{3}}$, $3\dfrac{1}{3}-1\dfrac{2}{3} = \boxed{1\dfrac{2}{3}}$

 핵심 포인트 빼는 분수의 분자가 더 크다면 앞 분수를 두 번째 문제에서 $3\dfrac{1}{3}$을 $2+\dfrac{4}{3}$로 가른 것처럼 하면 됩니다.

빈칸에 알맞은 수를 쓰세요.

① $6\dfrac{3}{5} - 5\dfrac{1}{5} =$ [   ] 또는 [   ]

$6\dfrac{3}{5}$ — $5\dfrac{1}{5}$

$6 +$ [   ] $5 +$ [   ]

[   ]   [   ]

② $6\dfrac{3}{5} - 5\dfrac{4}{5} =$ [   ]

$6\dfrac{3}{5}$ — $5\dfrac{4}{5}$

$5 +$ [   ] $5 +$ [   ]

[   ]   [   ]

③ $6\dfrac{4}{7} - 2\dfrac{2}{7} =$ [   ] 또는 [   ]

$6\dfrac{4}{7}$ — $2\dfrac{2}{7}$

$6 +$ [   ] $2 +$ [   ]

[   ]   [   ]

④ $6\dfrac{4}{7} - 2\dfrac{5}{7} =$ [   ] 또는 [   ]

$6\dfrac{4}{7}$ — $2\dfrac{5}{7}$

$5 +$ [   ] $2 +$ [   ]

[   ]   [   ]

분모가 같은 분수의 뺄셈

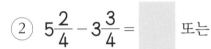

빈칸에 알맞은 수를 쓰세요.

① $3\frac{3}{5} - 1\frac{4}{5} = $ ⬜ 또는 ⬜

$$3\frac{3}{5} \quad - \quad 1\frac{4}{5}$$

$2 +$ ⬜ $1 +$ ⬜

⬜   ⬜

② $5\frac{2}{4} - 3\frac{3}{4} = $ ⬜ 또는 ⬜

$$5\frac{2}{4} \quad - \quad 3\frac{3}{4}$$

$4 +$ ⬜ $3 +$ ⬜

⬜   ⬜

③ $3\frac{1}{5} - 1\frac{3}{5} = $ ⬜ 또는 ⬜

$$3\frac{1}{5} \quad - \quad 1\frac{3}{5}$$

$2 +$ ⬜ $1 +$ ⬜

⬜   ⬜

④ $6\frac{2}{7} - 3\frac{5}{7} = $ ⬜ 또는 ⬜

$$6\frac{2}{7} \quad - \quad 3\frac{5}{7}$$

$5 +$ ⬜ $3 +$ ⬜

⬜   ⬜

분모가 같은 분수의 뺄셈

빈칸에 알맞은 수를 쓰세요.

① $\dfrac{5}{6} - \dfrac{1}{6} =$

② $\dfrac{6}{7} - \dfrac{4}{7} =$

③ $\dfrac{8}{9} - \dfrac{6}{9} =$

④ $\dfrac{7}{8} - \dfrac{4}{8} =$

⑤ $\dfrac{10}{11} - \dfrac{5}{11} =$

⑥ $\dfrac{9}{10} - \dfrac{2}{10} =$

⑦ $\dfrac{11}{13} - \dfrac{5}{13} =$

⑧ $\dfrac{13}{14} - \dfrac{4}{14} =$

⑨ $\dfrac{12}{15} - \dfrac{8}{15} =$

⑩ $\dfrac{14}{16} - \dfrac{9}{16} =$

⑪ $\dfrac{14}{17} - \dfrac{8}{17} =$

⑫ $\dfrac{16}{19} - \dfrac{11}{19} =$

분모가 같은 분수의 뺄셈

연습문제(2)

빈칸에 알맞은 수를 쓰세요.

① $\dfrac{13}{7} - \dfrac{4}{7} =$ ☐ 또는 ☐

② $\dfrac{15}{8} - \dfrac{4}{8} =$ ☐ 또는 ☐

③ $\dfrac{14}{9} - \dfrac{1}{9} =$ ☐ 또는 ☐

④ $\dfrac{17}{10} - \dfrac{4}{10} =$ ☐ 또는 ☐

⑤ $\dfrac{20}{11} - \dfrac{5}{11} =$ ☐ 또는 ☐

⑥ $\dfrac{19}{12} - \dfrac{2}{12} =$ ☐ 또는 ☐

⑦ $\dfrac{17}{13} - \dfrac{1}{13} =$ ☐ 또는 ☐

⑧ $\dfrac{23}{14} - \dfrac{6}{14} =$ ☐ 또는 ☐

⑨ $\dfrac{22}{15} - \dfrac{6}{15} =$ ☐ 또는 ☐

⑩ $\dfrac{39}{16} - \dfrac{12}{16} =$ ☐ 또는 ☐

⑪ $\dfrac{30}{17} - \dfrac{9}{17} =$ ☐ 또는 ☐

⑫ $\dfrac{30}{18} - \dfrac{5}{18} =$ ☐ 또는 ☐

연습문제(3)

빈칸에 알맞은 수를 쓰세요.(단, 계산 결과는 대분수로 쓰세요.)

① $3-1\dfrac{1}{4}=(2+\boxed{})-(1+\boxed{})=(2-1)+(\boxed{}-\boxed{})=\boxed{}$

② $3-1\dfrac{3}{5}=(2+\boxed{})-(1+\boxed{})=(2-1)+(\boxed{}-\boxed{})=\boxed{}$

③ $4-2\dfrac{1}{5}=(3+\boxed{})-(2+\boxed{})=(3-2)+(\boxed{}-\boxed{})=\boxed{}$

④ $4-2\dfrac{4}{7}=(3+\boxed{})-(2+\boxed{})=(3-2)+(\boxed{}-\boxed{})=\boxed{}$

⑤ $6-4\dfrac{3}{8}=(5+\boxed{})-(4+\boxed{})=(5-4)+(\boxed{}-\boxed{})=\boxed{}$

⑥ $8-4\dfrac{3}{9}=(7+\boxed{})-(4+\boxed{})=(7-4)+(\boxed{}-\boxed{})=\boxed{}$

분모가 같은 분수의 뺄셈

연습문제(4)

빈칸에 알맞은 수를 쓰세요.

① $1 - \dfrac{3}{7} =$ ⬜

② $1 - \dfrac{4}{9} =$ ⬜

③ $1 - \dfrac{5}{11} =$ ⬜

④ $1 - \dfrac{6}{13} =$ ⬜

⑤ $1 - \dfrac{4}{15} =$ ⬜

⑥ $1 - \dfrac{5}{17} =$ ⬜

⑦ $3 - 1\dfrac{3}{4} =$ ⬜ 또는 ⬜

⑧ $3 - \dfrac{7}{5} =$ ⬜ 또는 ⬜

⑨ $3 - 1\dfrac{1}{6} =$ ⬜ 또는 ⬜

⑩ $3 - \dfrac{15}{8} =$ ⬜ 또는 ⬜

⑪ $4 - 2\dfrac{3}{8} =$ ⬜ 또는 ⬜

⑫ $5 - 3\dfrac{4}{7} =$ ⬜ 또는 ⬜

연습문제(5)

빈칸에 알맞은 수를 쓰세요.(단, 계산 결과는 대분수로 쓰세요.)

① $3\frac{3}{4} - 1\frac{1}{4} = (3 + \boxed{}) - (1 + \boxed{}) = (3 - 1) + (\boxed{} - \boxed{}) = \boxed{}$

② $3\frac{2}{4} - 1\frac{3}{4} = (2 + \boxed{}) - (1 + \boxed{}) = (2 - 1) + (\boxed{} - \boxed{}) = \boxed{}$

③ $4\frac{4}{5} - 2\frac{1}{5} = (4 + \boxed{}) - (2 + \boxed{}) = (4 - 2) + (\boxed{} - \boxed{}) = \boxed{}$

④ $4\frac{2}{5} - 1\frac{4}{5} = (3 + \boxed{}) - (1 + \boxed{}) = (3 - 1) + (\boxed{} - \boxed{}) = \boxed{}$

⑤ $6\frac{6}{7} - 2\frac{3}{7} = (6 + \boxed{}) - (2 + \boxed{}) = (6 - 2) + (\boxed{} - \boxed{}) = \boxed{}$

⑥ $6\frac{3}{7} - 2\frac{6}{7} = (5 + \boxed{}) - (2 + \boxed{}) = (5 - 2) + (\boxed{} - \boxed{}) = \boxed{}$

분모가 같은 분수의 뺄셈

빈칸에 알맞은 수를 쓰세요.

① $3\frac{2}{4} - 1\frac{3}{4} =$ [ ] 또는 [ ]

② $5 - 2\frac{1}{4} =$ [ ] 또는 [ ]

③ $3\frac{3}{5} - 2\frac{2}{5} =$ [ ] 또는 [ ]

④ $6 - 1\frac{4}{5} =$ [ ] 또는 [ ]

⑤ $3\frac{4}{6} - 1\frac{3}{6} =$ [ ] 또는 [ ]

⑥ $5 - 2\frac{3}{6} =$ [ ] 또는 [ ]

⑦ $16\frac{2}{7} - 13\frac{3}{7} =$ [ ] 또는 [ ]

⑧ $18 - 13\frac{5}{7} =$ [ ] 또는 [ ]

⑨ $25\frac{4}{7} - 21\frac{3}{7} =$ [ ] 또는 [ ]

⑩ $14\frac{1}{7} - 11 =$ [ ] 또는 [ ]

⑪ $6\frac{1}{12} - 3\frac{2}{12} =$ [ ] 또는 [ ]

⑫ $6\frac{5}{12} - 3 =$ [ ] 또는 [ ]

통분과 약분

통분과 약분

(1) 크기가 같은 분수 만들기

예시문제

분수 $\dfrac{1}{3}$ 과 크기가 같으면서 분모가 **3**보다 큰 분수를 **4**개 구하세요.

정사각형에 분수만큼 색칠한 다음 중간에 **가로줄**을 그려서 **똑같이** 나누면, 분모가 다른 여러 분수로 나타낼 수 있습니다.

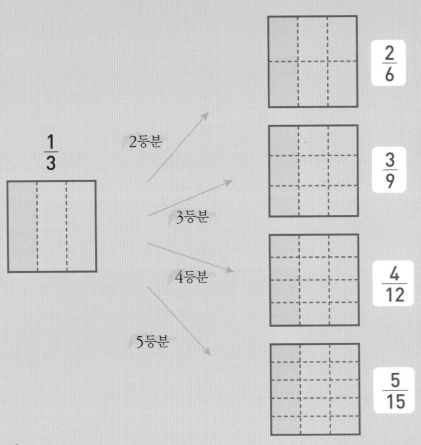

핵심 포인트 $\dfrac{1}{3} = \dfrac{2}{6} = \dfrac{3}{9} = \dfrac{4}{12} = \dfrac{5}{15}$

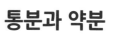

도전문제(1)

다음 정사각형에 가로줄을 그려서 작은 조각으로 똑같이 나누고, 분모가 다른
여러 분수로 나타내세요.

①    ②

$\dfrac{1}{2} = \dfrac{\boxed{}}{4}$ 2등분 $\dfrac{3}{5} = \dfrac{\boxed{}}{10}$

$\dfrac{1}{2} = \dfrac{\boxed{}}{6}$ 3등분 $\dfrac{3}{5} = \dfrac{\boxed{}}{15}$

$\dfrac{1}{2} = \dfrac{\boxed{}}{8}$ 4등분 $\dfrac{3}{5} = \dfrac{\boxed{}}{20}$

$\dfrac{1}{2} = \dfrac{\boxed{}}{10}$ 5등분 $\dfrac{3}{5} = \dfrac{\boxed{}}{25}$

$\dfrac{1}{2} = \dfrac{\boxed{}}{12}$ 6등분 $\dfrac{3}{5} = \dfrac{\boxed{}}{30}$

통분과 약분

정사각형에 가로줄을 그려서 작은 조각으로 똑같이 나누고 분모가 다른 여러
분수로 나타내세요.

①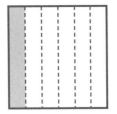

$$\frac{1}{6} = \frac{\boxed{}}{12}$$

$$\frac{1}{6} = \frac{\boxed{}}{18}$$

$$\frac{1}{6} = \frac{\boxed{}}{24}$$

$$\frac{1}{6} = \frac{\boxed{}}{36}$$

$$\frac{1}{6} = \frac{\boxed{}}{66}$$

②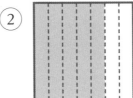

$$\frac{5}{7} = \frac{\boxed{}}{14}$$

$$\frac{5}{7} = \frac{\boxed{}}{21}$$

$$\frac{5}{7} = \frac{\boxed{}}{35}$$

$$\frac{5}{7} = \frac{\boxed{}}{70}$$

$$\frac{5}{7} = \frac{\boxed{}}{49}$$

정사각형에 가로줄을 그려서 작은 조각으로 똑같이 나누고 분모가 다른 여러
분수로 나타내세요.

①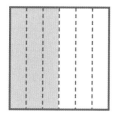

②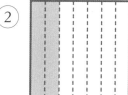

$$\frac{3}{6} = \frac{6}{\Box}$$

$$\frac{2}{7} = \frac{6}{\Box}$$

$$\frac{3}{6} = \frac{9}{\Box}$$

$$\frac{2}{7} = \frac{4}{\Box}$$

$$\frac{3}{6} = \frac{15}{\Box}$$

$$\frac{2}{7} = \frac{10}{\Box}$$

$$\frac{3}{6} = \frac{12}{\Box}$$

$$\frac{2}{7} = \frac{18}{\Box}$$

$$\frac{3}{6} = \frac{30}{\Box}$$

$$\frac{2}{7} = \frac{24}{\Box}$$

통분과 약분

(2) 그림으로 통분하기

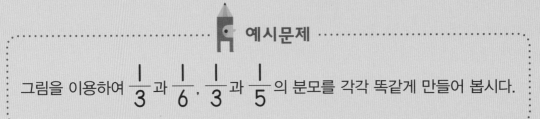

예시문제

그림을 이용하여 $\frac{1}{3}$과 $\frac{1}{6}$, $\frac{1}{3}$과 $\frac{1}{5}$의 분모를 각각 똑같게 만들어 봅시다.

두 정사각형에 각각 분수만큼 칸을 나눈 다음, 한 조각의 크기가 똑같아지도록
세로줄이나 가로줄을 그리세요.

① $\frac{1}{3}$ $\frac{1}{6}$ ② $\frac{1}{3}$ $\frac{1}{5}$

같은 방향으로   반대 방향으로   반대 방향으로
6등분   5등분   3등분

   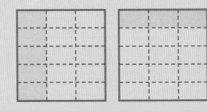

$\frac{1}{3} = \boxed{\frac{2}{6}}$ $\frac{1}{6}$ $\frac{1}{3} = \boxed{\frac{5}{15}}$ $\boxed{\frac{3}{15}}$

이렇게 두 분수의 분모를 똑같게 만드는 것을 **통분한다** 라고 합니다.

두 정사각형을 나눈 조각들의 모양과 크기가 똑같아지도록 세로줄이나 가로줄을 그린 다음, ☐ 안에 알맞은 수를 쓰세요.

① $\dfrac{1}{2}$과 $\dfrac{1}{4}$ 통분하기

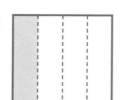

$\dfrac{1}{2}$ = ☐ $\dfrac{1}{4}$

② $\dfrac{1}{2}$과 $\dfrac{1}{6}$ 통분하기

$\dfrac{1}{2}$ = ☐ $\dfrac{1}{6}$

③ $\dfrac{1}{2}$과 $\dfrac{1}{3}$ 통분하기

$\dfrac{1}{2}$ = ☐ $\dfrac{1}{3}$ = ☐

④ $\dfrac{1}{2}$과 $\dfrac{1}{5}$ 통분하기

$\dfrac{1}{2}$ = ☐ $\dfrac{1}{5}$ = ☐

통분과 약분

도전문제(2)

두 정사각형을 나눈 조각들의 모양과 크기가 똑같아지도록 세로줄이나
가로줄을 그린 다음, ☐ 안에 알맞은 수를 쓰세요.

① $\dfrac{1}{2}$ 과 $\dfrac{1}{8}$ 통분하기

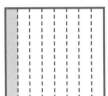

$$\dfrac{1}{2} = \boxed{} \qquad \dfrac{1}{8}$$

② $\dfrac{1}{4}$ 과 $\dfrac{1}{8}$ 통분하기

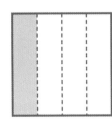

$$\dfrac{1}{4} = \boxed{} \qquad \dfrac{1}{8}$$

③ $\dfrac{1}{3}$ 과 $\dfrac{1}{9}$ 통분하기

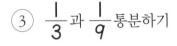
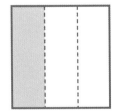

$$\dfrac{1}{3} = \boxed{} \qquad \dfrac{1}{9}$$

④ $\dfrac{1}{5}$ 과 $\dfrac{1}{10}$ 통분하기

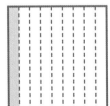
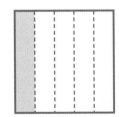
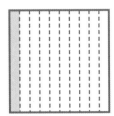

$$\dfrac{1}{5} = \boxed{} \qquad \dfrac{1}{10}$$

 도전문제(3)

두 정사각형을 나눈 조각들의 모양과 크기가 똑같아지도록 세로줄이나 가로줄을 그린 다음, ☐ 안에 알맞은 수를 쓰세요.

① $\dfrac{1}{3}$ 과 $\dfrac{1}{4}$ 통분하기

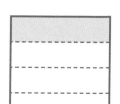

$$\dfrac{1}{3} = \boxed{} \qquad \dfrac{1}{4} = \boxed{}$$

② $\dfrac{1}{5}$ 과 $\dfrac{1}{4}$ 통분하기

$$\dfrac{1}{5} = \boxed{} \qquad \dfrac{1}{4} = \boxed{}$$

③ $\dfrac{1}{5}$ 과 $\dfrac{1}{6}$ 통분하기

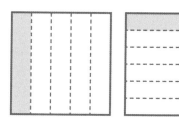

$$\dfrac{1}{5} = \boxed{} \qquad \dfrac{1}{6} = \boxed{}$$

④ $\dfrac{1}{4}$ 과 $\dfrac{1}{7}$ 통분하기

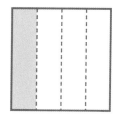

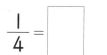

$$\dfrac{1}{4} = \boxed{} \qquad \dfrac{1}{7} = \boxed{}$$

통분과 약분

(3) 곱셈으로 통분하기

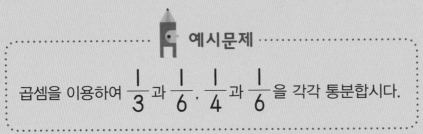

예시문제

곱셈을 이용하여 $\dfrac{1}{3}$과 $\dfrac{1}{6}$, $\dfrac{1}{4}$과 $\dfrac{1}{6}$을 각각 통분합시다.

앞에서 두 정사각형에 각각 분수만큼 칸을 나눈 다음 한 조각의 크기가 똑같아 지도록 줄을 그려 통분했어요. 그 과정을 곱셈으로도 나타낼 수 있어요.

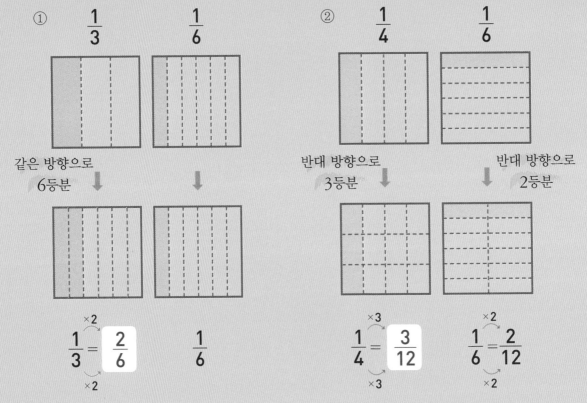

 핵심 포인트 칸을 잘게 나누면 칸의 개수가 늘어나서, 분모와 분자에 똑같은 수를 곱하는 것과 같게 됩니다. ②의 경우처럼 어떤 수를 곱해야 분모가 서로 똑같아지는지 척 보고 알기 어려울 때에는 2, 3, 4…를 차례로 곱해 보세요! 단, 최소의 수로 통분되어야 해요.

다음은 두 분수를 통분하는 과정입니다. 두 분수의 분모가 똑같아지도록
빈칸에 알맞은 수를 쓰세요.

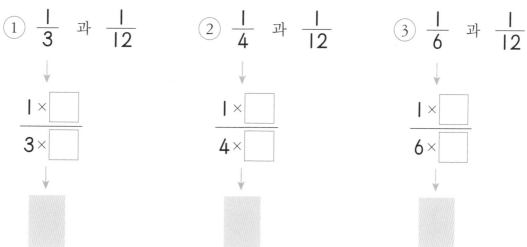

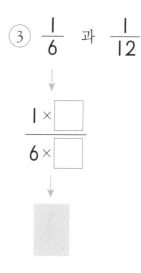

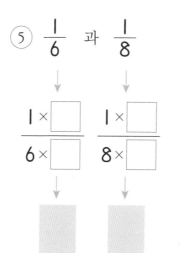

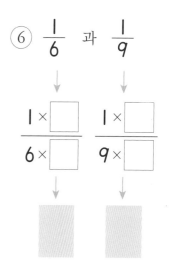

통분과 약분

다음은 두 분수를 통분하는 과정입니다. 두 분수의 분모가 똑같아지도록
빈칸에 알맞은 수를 쓰세요.

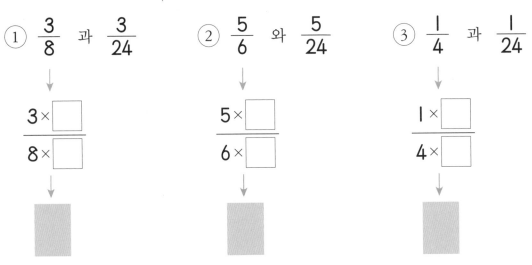

① $\dfrac{3}{8}$ 과 $\dfrac{3}{24}$

$$\dfrac{3 \times \boxed{}}{8 \times \boxed{}}$$

② $\dfrac{5}{6}$ 와 $\dfrac{5}{24}$

$$\dfrac{5 \times \boxed{}}{6 \times \boxed{}}$$

③ $\dfrac{1}{4}$ 과 $\dfrac{1}{24}$

$$\dfrac{1 \times \boxed{}}{4 \times \boxed{}}$$

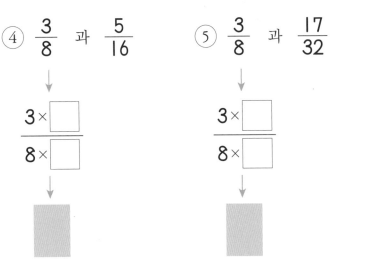

④ $\dfrac{3}{8}$ 과 $\dfrac{5}{16}$

$$\dfrac{3 \times \boxed{}}{8 \times \boxed{}}$$

⑤ $\dfrac{3}{8}$ 과 $\dfrac{17}{32}$

$$\dfrac{3 \times \boxed{}}{8 \times \boxed{}}$$

⑥ $\dfrac{3}{8}$ 과 $\dfrac{9}{40}$

$$\dfrac{3 \times \boxed{}}{8 \times \boxed{}}$$

다음은 두 분수를 통분하는 과정입니다. 두 분수의 분모가 똑같아지도록
빈칸에 알맞은 수를 쓰세요.

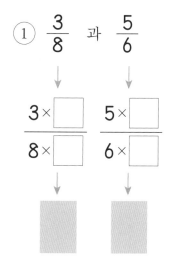

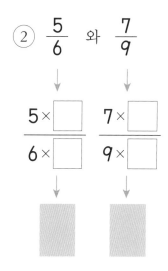

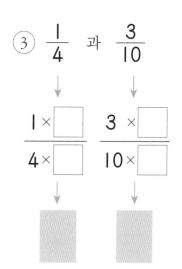

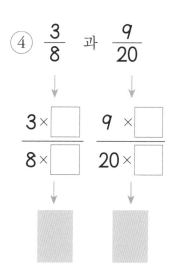

통분과 약분

(4) 크기 비교하기

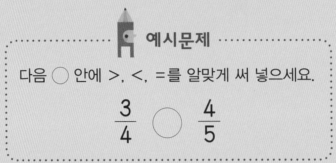

예시문제

다음 ○ 안에 >, <, =를 알맞게 써 넣으세요.

$$\frac{3}{4} \bigcirc \frac{4}{5}$$

크기를 비교하는 두 분수의 분모가 서로 다를 때에는, 분모를 통분하여 알아보면 됩니다.

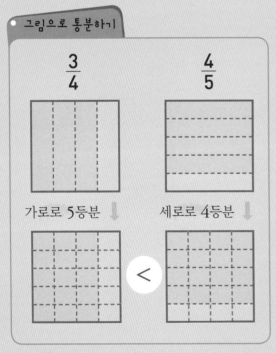

그림으로 통분하기

$\frac{3}{4}$　　　　$\frac{4}{5}$

가로로 5등분 ⬇　　세로로 4등분 ⬇

<

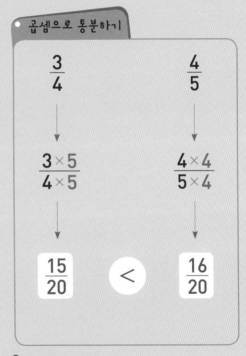

곱셈으로 통분하기

$\frac{3}{4}$　　　　$\frac{4}{5}$

$\frac{3 \times 5}{4 \times 5}$　　　$\frac{4 \times 4}{5 \times 4}$

$\frac{15}{20}$ < $\frac{16}{20}$

 핵심 포인트 정사각형에 칸을 나누어 분수만큼 색칠을 한 다음, 한 조각의 크기가 똑같아지도록 서로 반대 방향으로 줄을 그려서 칸의 개수를 비교하면 됩니다.

 핵심 포인트 두 분수의 분모가 똑같아지도록 통분한 다음, 분자끼리 비교하면 됩니다.

도전문제(1)

다음은 두 분수를 통분하여 크기를 비교하는 과정입니다. 빈칸에 알맞은 수를
쓰고, ● 안에 >, <, =를 알맞게 써 넣으세요.

① $\dfrac{1}{2}$ ● $\dfrac{2}{5}$

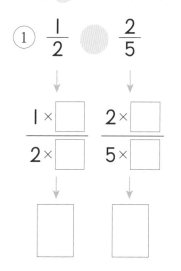

② $\dfrac{1}{2}$ ● $\dfrac{3}{7}$

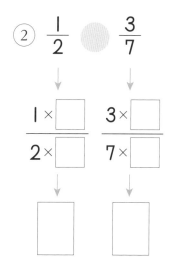

③ $\dfrac{5}{6}$ ● $\dfrac{6}{7}$

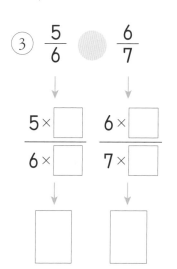

④ $\dfrac{5}{6}$ ● $\dfrac{7}{8}$

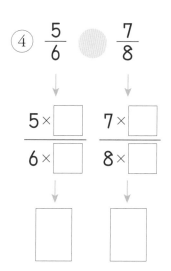

통분과 약분

도전문제(2)

다음은 두 분수를 통분하여 크기를 비교하는 과정입니다. 빈칸에 알맞은 수를 쓰고, ● 안에 >, <, =를 알맞게 써 넣으세요.

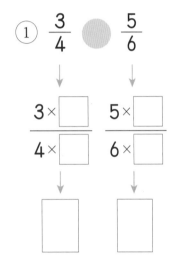

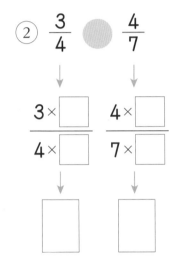

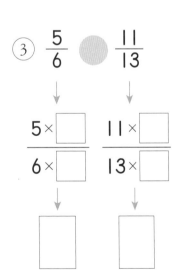

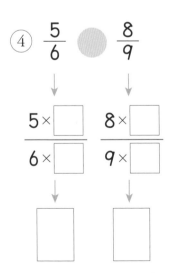

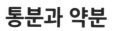

다음은 두 분수를 통분하여 크기를 비교하는 과정입니다. 빈칸에 알맞은 수를 쓰고, ⬤ 안에 >, <, =를 알맞게 써 넣으세요.

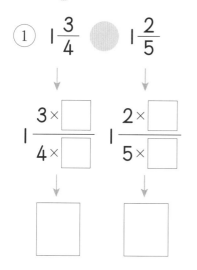

① $1\dfrac{3}{4}$ ⬤ $1\dfrac{2}{5}$

$1\dfrac{3\times\square}{4\times\square}$ $1\dfrac{2\times\square}{5\times\square}$

$\square$ $\square$

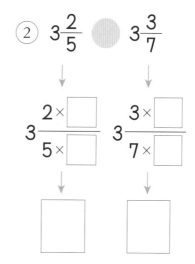

② $3\dfrac{2}{5}$ ⬤ $3\dfrac{3}{7}$

$3\dfrac{2\times\square}{5\times\square}$ $3\dfrac{3\times\square}{7\times\square}$

$\square$ $\square$

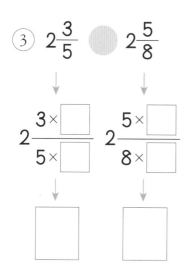

③ $2\dfrac{3}{5}$ ⬤ $2\dfrac{5}{8}$

$2\dfrac{3\times\square}{5\times\square}$ $2\dfrac{5\times\square}{8\times\square}$

$\square$ $\square$

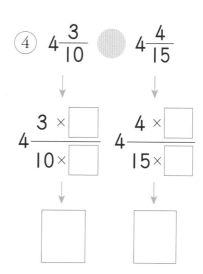

④ $4\dfrac{3}{10}$ ⬤ $4\dfrac{4}{15}$

$4\dfrac{3\times\square}{10\times\square}$ $4\dfrac{4\times\square}{15\times\square}$

$\square$ $\square$

통분과 약분

(5) 약분하기

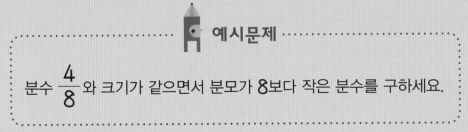

예시문제

분수 $\frac{4}{8}$와 크기가 같으면서 분모가 8보다 작은 분수를 구하세요.

정사각형에 분수만큼 칸을 나눈 다음, 몇 칸씩 묶으세요. 이 과정을 나눗셈으로 나타낼 수 있어요.

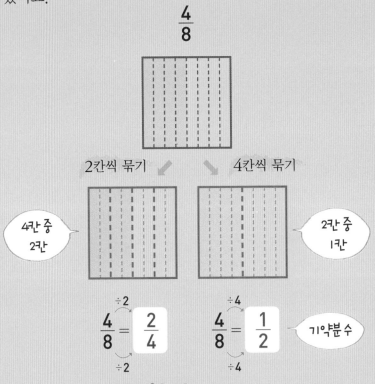

이렇게 간단히 하는 것을 **약분한다**고 합니다.
더 이상 간단히 할 수 없는 분수는 **기약분수**라고 합니다.

 핵심 포인트 칸을 묶으면 한 칸의 크기는 커지지만 칸의 개수는 줄어듭니다. 그래서 분모와 분자를 똑같은 수로 나눈 셈이 되는 것입니다.

통분과 약분

도전문제(1)

다음 그림의 칸들을 묶어서 주어진 분수와 크기는 같으면서 분모가 작은 분수로 나타내고, 빈칸에 알맞은 기약분수를 쓰세요.

①

$$\frac{2}{4} = \boxed{}$$

②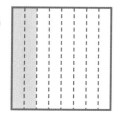

$$\frac{2}{8} = \boxed{}$$

③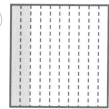

$$\frac{2}{10} = \boxed{}$$

④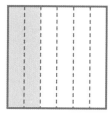

$$\frac{2}{6} = \boxed{}$$

⑤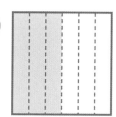

$$\frac{3}{6} = \boxed{}$$

⑥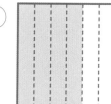

$$\frac{4}{6} = \boxed{}$$

⑦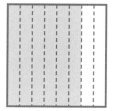

$$\frac{6}{8} = \boxed{}$$

⑧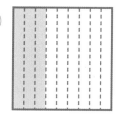

$$\frac{3}{9} = \boxed{}$$

⑨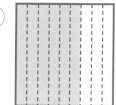

$$\frac{6}{9} = \boxed{}$$

87

통분과 약분

도전문제(2)

다음은 분수를 약분하는 과정입니다. 빈칸에 알맞은 수를 쓰세요.

① $\dfrac{2}{4} = \dfrac{2 \div \boxed{}}{4 \div \boxed{}} = $

② $\dfrac{2}{6} = \dfrac{2 \div \boxed{}}{6 \div \boxed{}} = $

③ $\dfrac{2}{8} = \dfrac{2 \div \boxed{}}{8 \div \boxed{}} = $

④ $\dfrac{6}{9} = \dfrac{6 \div \boxed{}}{9 \div \boxed{}} = $

⑤ $\dfrac{3}{9} = \dfrac{3 \div \boxed{}}{9 \div \boxed{}} = $

⑥ $\dfrac{5}{10} = \dfrac{5 \div \boxed{}}{10 \div \boxed{}} = $

⑦ $\dfrac{2}{12} = \dfrac{2 \div \boxed{}}{12 \div \boxed{}} = $

⑧ $\dfrac{3}{12} = \dfrac{3 \div \boxed{}}{12 \div \boxed{}} = $

⑨ $\dfrac{6}{15} = \dfrac{6 \div \boxed{}}{15 \div \boxed{}} = $

⑩ $\dfrac{10}{15} = \dfrac{10 \div \boxed{}}{15 \div \boxed{}} = $

⑪ $\dfrac{2}{18} = \dfrac{2 \div \boxed{}}{18 \div \boxed{}} = $

⑫ $\dfrac{3}{18} = \dfrac{3 \div \boxed{}}{18 \div \boxed{}} = $

도전문제(3)

다음은 분수를 약분하는 과정입니다. 빈칸에 알맞은 수를 쓰고, 기약분수에
동그라미 하세요.

① $\dfrac{6}{18} = \dfrac{6 \div \boxed{}}{18 \div 2} = \boxed{}$

② $\dfrac{6}{24} = \dfrac{6 \div \boxed{}}{24 \div 2} = \boxed{}$

$\dfrac{6}{18} = \dfrac{6 \div \boxed{}}{18 \div 3} = \boxed{}$

$\dfrac{6}{24} = \dfrac{6 \div \boxed{}}{24 \div 3} = \boxed{}$

$\dfrac{6}{18} = \dfrac{6 \div \boxed{}}{18 \div 6} = \boxed{}$

$\dfrac{6}{24} = \dfrac{6 \div \boxed{}}{24 \div 6} = \boxed{}$

③ $\dfrac{24}{40} = \dfrac{24 \div \boxed{}}{40 \div 2} = \boxed{}$

④ $\dfrac{16}{40} = \dfrac{16 \div \boxed{}}{40 \div 2} = \boxed{}$

$\dfrac{24}{40} = \dfrac{24 \div \boxed{}}{40 \div 4} = \boxed{}$

$\dfrac{16}{40} = \dfrac{16 \div \boxed{}}{40 \div 4} = \boxed{}$

$\dfrac{24}{40} = \dfrac{24 \div \boxed{}}{40 \div 8} = \boxed{}$

$\dfrac{16}{40} = \dfrac{16 \div \boxed{}}{40 \div 8} = \boxed{}$

통분과 약분

연습문제(1)

다음은 분수의 분모를 바꾸는 과정입니다. 빈칸에 알맞은 수를 쓰세요.

① $\dfrac{1}{2} = \dfrac{1 \times \boxed{}}{2 \times \boxed{}} = \dfrac{\boxed{}}{6}$

② $\dfrac{3}{4} = \dfrac{3 \times \boxed{}}{4 \times \boxed{}} = \dfrac{\boxed{}}{8}$

③ $\dfrac{4}{5} = \dfrac{4 \times \boxed{}}{5 \times \boxed{}} = \dfrac{\boxed{}}{15}$

④ $\dfrac{5}{6} = \dfrac{5 \times \boxed{}}{6 \times \boxed{}} = \dfrac{\boxed{}}{18}$

⑤ $\dfrac{3}{7} = \dfrac{3 \times \boxed{}}{7 \times \boxed{}} = \dfrac{\boxed{}}{49}$

⑥ $\dfrac{1}{9} = \dfrac{1 \times \boxed{}}{9 \times \boxed{}} = \dfrac{\boxed{}}{63}$

⑦ $\dfrac{2}{5} = \dfrac{2 \times \boxed{}}{5 \times \boxed{}} = \dfrac{\boxed{}}{10}$

⑧ $\dfrac{3}{5} = \dfrac{3 \times \boxed{}}{5 \times \boxed{}} = \dfrac{\boxed{}}{20}$

⑨ $\dfrac{7}{12} = \dfrac{7 \times \boxed{}}{12 \times \boxed{}} = \dfrac{\boxed{}}{36}$

⑩ $\dfrac{13}{18} = \dfrac{13 \times \boxed{}}{18 \times \boxed{}} = \dfrac{\boxed{}}{36}$

연습문제(2)

다음은 분수의 분모를 바꾸는 과정입니다. 빈칸에 알맞은 수를 쓰세요.

① $\dfrac{1}{2} = \dfrac{1 \times \square}{2 \times \square} = \dfrac{5}{}$

② $\dfrac{3}{4} = \dfrac{3 \times \square}{4 \times \square} = \dfrac{15}{}$

③ $\dfrac{4}{5} = \dfrac{4 \times \square}{5 \times \square} = \dfrac{24}{}$

④ $\dfrac{5}{6} = \dfrac{5 \times \square}{6 \times \square} = \dfrac{25}{}$

⑤ $\dfrac{3}{7} = \dfrac{3 \times \square}{7 \times \square} = \dfrac{36}{}$

⑥ $\dfrac{1}{9} = \dfrac{1 \times \square}{9 \times \square} = \dfrac{12}{}$

⑦ $\dfrac{2}{15} = \dfrac{2 \times \square}{15 \times \square} = \dfrac{18}{}$

⑧ $\dfrac{7}{18} = \dfrac{7 \times \square}{18 \times \square} = \dfrac{35}{}$

⑨ $\dfrac{16}{25} = \dfrac{16 \times \square}{25 \times \square} = \dfrac{64}{}$

⑩ $\dfrac{16}{25} = \dfrac{16 \times \square}{25 \times \square} = \dfrac{128}{}$

통분과 약분

다음 두 분수를 통분하세요.

① $\dfrac{1}{2}$ 과 $\dfrac{1}{3}$

$\dfrac{\square}{6}$ $\dfrac{\square}{6}$

② $\dfrac{3}{4}$ 과 $\dfrac{5}{6}$

$\dfrac{\square}{12}$ $\dfrac{\square}{12}$

③ $\dfrac{5}{6}$ 와 $\dfrac{5}{9}$

$\dfrac{\square}{18}$ $\dfrac{\square}{18}$

④ $\dfrac{5}{6}$ 와 $\dfrac{4}{5}$

$\dfrac{\square}{30}$ $\dfrac{\square}{30}$

⑤ $\dfrac{7}{12}$ 과 $\dfrac{9}{10}$

$\dfrac{\square}{60}$ $\dfrac{\square}{60}$

⑥ $\dfrac{11}{18}$ 과 $\dfrac{13}{15}$

$\dfrac{\square}{90}$ $\dfrac{\square}{90}$

⑦ $\dfrac{4}{7}$ 와 $\dfrac{3}{4}$

$\dfrac{\square}{28}$ $\dfrac{\square}{28}$

⑧ $\dfrac{9}{12}$ 와 $\dfrac{5}{8}$

$\dfrac{\square}{24}$ $\dfrac{\square}{24}$

⑨ $\dfrac{8}{21}$ 과 $\dfrac{5}{12}$

$\dfrac{\square}{84}$ $\dfrac{\square}{84}$

 연습문제(4)

다음 두 분수를 분모가 가장 작은 분수로 통분하세요.

① $\dfrac{3}{8}$ 과 $\dfrac{5}{12}$ ② $\dfrac{5}{6}$ 와 $\dfrac{7}{15}$ ③ $\dfrac{7}{12}$ 과 $\dfrac{5}{18}$

④ $\dfrac{3}{8}$ 과 $\dfrac{5}{9}$ ⑤ $\dfrac{7}{8}$ 과 $\dfrac{9}{10}$ ⑥ $\dfrac{3}{7}$ 과 $\dfrac{5}{9}$

⑦ $\dfrac{3}{16}$ 과 $\dfrac{11}{12}$ ⑧ $\dfrac{17}{20}$ 과 $\dfrac{7}{12}$ ⑨ $\dfrac{23}{24}$ 과 $\dfrac{25}{28}$

⑩ $\dfrac{3}{5}$ 과 $\dfrac{7}{8}$ ⑪ $\dfrac{19}{20}$ 와 $\dfrac{17}{28}$ ⑫ $\dfrac{14}{15}$ 와 $\dfrac{43}{45}$

93

통분과 약분

다음 ⬤ 안에 >, <, =을 알맞게 써 넣으세요.

① $\dfrac{3}{4}$ ⬤ $\dfrac{5}{6}$

② $\dfrac{3}{5}$ ⬤ $\dfrac{4}{7}$

③ $\dfrac{3}{4}$ ⬤ $\dfrac{5}{8}$

④ $\dfrac{3}{10}$ ⬤ $\dfrac{4}{12}$

⑤ $\dfrac{4}{6}$ ⬤ $\dfrac{6}{9}$

⑥ $\dfrac{6}{15}$ ⬤ $\dfrac{12}{20}$

⑦ $\dfrac{2}{4}$ ⬤ $\dfrac{16}{32}$

⑧ $\dfrac{5}{7}$ ⬤ $\dfrac{36}{49}$

⑨ $\dfrac{7}{5}$ ⬤ $\dfrac{5}{7}$

⑩ $\dfrac{9}{12}$ ⬤ $\dfrac{13}{16}$

⑪ $\dfrac{3}{9}$ ⬤ $\dfrac{11}{30}$

⑫ $\dfrac{14}{15}$ ⬤ $\dfrac{15}{16}$

 연습문제(6)

다음은 어떤 분수의 분자와 분모를 똑같은 수로 나누어 약분하는 과정입니다.
빈칸에 알맞은 수를 쓰세요.

① $\dfrac{12}{18}$ → $\dfrac{12 \div 2}{18 \div 2} =$ ⬚ , $\dfrac{12 \div 3}{18 \div 3} =$ ⬚ , $\dfrac{12 \div 6}{18 \div 6} =$ ⬚

② $\dfrac{16}{24}$ → $\dfrac{16 \div 2}{24 \div 2} =$ ⬚ , $\dfrac{16 \div 4}{24 \div 4} =$ ⬚ , $\dfrac{16 \div 8}{24 \div 8} =$ ⬚

③ $\dfrac{15}{45}$ → $\dfrac{15 \div 3}{45 \div 3} =$ ⬚ , $\dfrac{15 \div 5}{45 \div 5} =$ ⬚ , $\dfrac{15 \div 15}{45 \div 15} =$ ⬚

④ $\dfrac{12}{36}$ → $\dfrac{12 \div 2}{36 \div 2} =$ ⬚ , $\dfrac{12 \div 3}{36 \div 3} =$ ⬚ , $\dfrac{12 \div 4}{36 \div 4} =$ ⬚ ,

$\dfrac{12 \div 6}{36 \div 6} =$ ⬚ , $\dfrac{12 \div 12}{36 \div 12} =$ ⬚

95

통분과 약분

다음 분수를 기약분수로 나타내세요.

① $\dfrac{3}{6} =$

② $\dfrac{9}{6} =$

③ $\dfrac{9}{18} =$

④ $\dfrac{4}{6} =$

⑤ $\dfrac{10}{6} =$

⑥ $\dfrac{10}{15} =$

⑦ $\dfrac{4}{8} =$

⑧ $\dfrac{2}{8} =$

⑨ $\dfrac{2}{10} =$

⑩ $\dfrac{10}{12} =$

⑪ $\dfrac{9}{12} =$

⑫ $\dfrac{4}{12} =$

⑬ $\dfrac{4}{8} =$

⑭ $\dfrac{6}{8} =$

⑮ $\dfrac{6}{15} =$

⑯ $\dfrac{15}{25} =$

⑰ $\dfrac{15}{30} =$

⑱ $\dfrac{3}{30} =$

분모가 다른 분수의
덧셈과 뺄셈

분모가 다른 분수의 덧셈과 뺄셈

(1) 덧셈과 뺄셈 : 단위분수

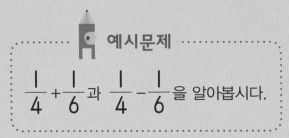

예시문제

$\dfrac{1}{4} + \dfrac{1}{6}$ 과 $\dfrac{1}{4} - \dfrac{1}{6}$ 을 알아봅시다.

분모가 다른 분수를 서로 더하거나 빼려면, 먼저 분모를 **통분**해야 합니다.
그 다음 분모가 같은 분수의 덧셈과 뺄셈으로 계산하면 됩니다.

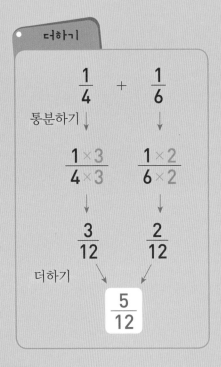

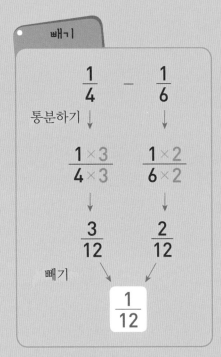

 핵심 포인트 약분을 배웠으므로 앞으로 계산 결과는 항상 '기약분수'로 나타내세요.

 핵심 포인트 어떤 수를 곱해야 통분하기 쉬운지 잘 모를 때에는 2, 3, 4… 순서로 각각
곱하면서 두 분수의 분모가 같아지는 순간을 찾으세요.

분모가 다른 분수의 덧셈과 뺄셈

 도전문제(1)

다음은 두 분수를 통분하여 계산하는 과정입니다. 빈칸에 알맞은 수를 쓰세요.

① $\dfrac{1}{2} + \dfrac{1}{3}$

$\downarrow \qquad \downarrow$

$\dfrac{\boxed{}}{6} \qquad \dfrac{\boxed{}}{6}$

② $\dfrac{1}{3} - \dfrac{1}{6}$

$\downarrow \qquad \downarrow$

$\dfrac{\boxed{}}{6} \qquad \dfrac{\boxed{}}{6}$

③ $\dfrac{1}{5} + \dfrac{1}{6}$

$\downarrow \qquad \downarrow$

$\dfrac{\boxed{}}{30} \qquad \dfrac{\boxed{}}{30}$

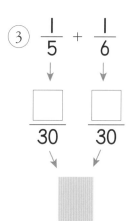

④ $\dfrac{1}{4} - \dfrac{1}{7}$

$\downarrow \qquad \downarrow$

$\dfrac{\boxed{}}{28} \qquad \dfrac{\boxed{}}{28}$

⑤ $\dfrac{1}{6} + \dfrac{1}{7}$

$\downarrow \qquad \downarrow$

$\dfrac{\boxed{}}{42} \qquad \dfrac{\boxed{}}{42}$

⑥ $\dfrac{1}{3} - \dfrac{1}{7}$

$\downarrow \qquad \downarrow$

$\dfrac{\boxed{}}{21} \qquad \dfrac{\boxed{}}{21}$

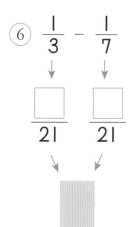

분모가 다른 분수의 덧셈과 뺄셈

다음은 두 분수를 통분하여 계산하는 과정입니다. 빈칸에 알맞은 수를 쓰세요.

① $\dfrac{1}{2} + \dfrac{1}{4}$
$$\dfrac{\square}{4} \quad \dfrac{\square}{4}$$

② $\dfrac{1}{3} - \dfrac{1}{4}$
$$\dfrac{\square}{12} \quad \dfrac{\square}{12}$$

③ $\dfrac{1}{4} + \dfrac{1}{5}$
$$\dfrac{\square}{20} \quad \dfrac{\square}{20}$$

④ $\dfrac{1}{4} - \dfrac{1}{5}$
$$\dfrac{\square}{20} \quad \dfrac{\square}{20}$$

⑤ $\dfrac{1}{5} + \dfrac{1}{8}$
$$\dfrac{\square}{40} \quad \dfrac{\square}{40}$$

⑥ $\dfrac{1}{4} - \dfrac{1}{9}$
$$\dfrac{\square}{36} \quad \dfrac{\square}{36}$$

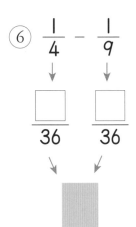

분모가 다른 분수의 덧셈과 뺄셈

도전문제(3)

다음은 두 분수를 통분하여 계산하는 과정입니다. 빈칸에 알맞은 수를 쓰세요.

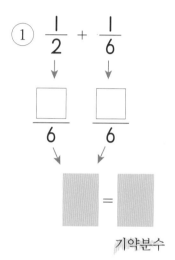

① $\dfrac{1}{2} + \dfrac{1}{6}$

$\dfrac{\square}{6}$ $\dfrac{\square}{6}$

$=$ 기약분수

② $\dfrac{1}{4} + \dfrac{1}{12}$

$\dfrac{\square}{12}$ $\dfrac{\square}{12}$

$=$ 기약분수

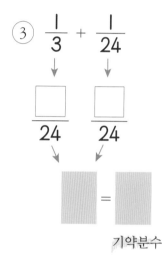

③ $\dfrac{1}{3} + \dfrac{1}{24}$

$\dfrac{\square}{24}$ $\dfrac{\square}{24}$

$=$ 기약분수

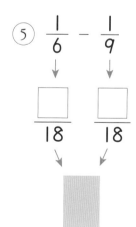

④ $\dfrac{1}{6} - \dfrac{1}{8}$

$\dfrac{\square}{24}$ $\dfrac{\square}{24}$

⑤ $\dfrac{1}{6} - \dfrac{1}{9}$

$\dfrac{\square}{18}$ $\dfrac{\square}{18}$

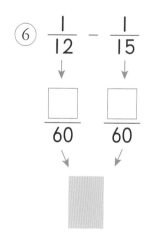

⑥ $\dfrac{1}{12} - \dfrac{1}{15}$

$\dfrac{\square}{60}$ $\dfrac{\square}{60}$

분모가 다른 분수의 덧셈과 뺄셈

(2) 덧셈과 뺄셈 : 진분수

예시문제

$\dfrac{3}{4} + \dfrac{2}{3}$ 와 $\dfrac{3}{4} - \dfrac{2}{3}$ 를 알아봅시다.

분모가 다른 분수를 서로 더하거나 빼려면, 먼저 분모를 **통분**해야 합니다.
그 다음 분모가 같은 분수의 덧셈과 뺄셈으로 계산하면 됩니다.

 핵심 포인트 계산 결과는 약분하여 항상 '기약분수'로 나타내세요.

분모가 다른 분수의 덧셈과 뺄셈

다음은 두 분수를 통분하여 계산하는 과정입니다. 빈칸에 알맞은 수를 쓰세요.

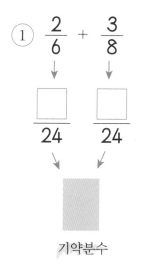

① $\dfrac{2}{6} + \dfrac{3}{8}$

$\dfrac{\square}{24} \quad \dfrac{\square}{24}$

기약분수

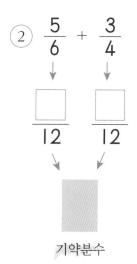

② $\dfrac{5}{6} + \dfrac{3}{4}$

$\dfrac{\square}{12} \quad \dfrac{\square}{12}$

기약분수

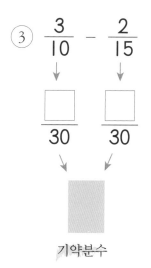

③ $\dfrac{3}{10} - \dfrac{2}{15}$

$\dfrac{\square}{30} \quad \dfrac{\square}{30}$

기약분수

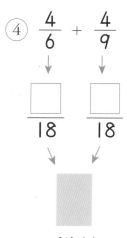

④ $\dfrac{4}{6} + \dfrac{4}{9}$

$\dfrac{\square}{18} \quad \dfrac{\square}{18}$

기약분수

분모가 다른 분수의 덧셈과 뺄셈

다음은 두 분수를 통분하여 계산하는 과정입니다. 빈칸에 알맞은 수를 쓰세요.

① $\dfrac{3}{8}$ + $\dfrac{1}{12}$

$\downarrow$ $\downarrow$

$\dfrac{\boxed{}}{24}$ $\dfrac{\boxed{}}{24}$

$\downarrow$ $\downarrow$

기약분수

② $\dfrac{2}{3}$ − $\dfrac{1}{4}$

$\downarrow$ $\downarrow$

$\dfrac{\boxed{}}{12}$ $\dfrac{\boxed{}}{12}$

$\downarrow$ $\downarrow$

기약분수

③ $\dfrac{3}{4}$ + $\dfrac{4}{5}$

$\downarrow$ $\downarrow$

$\dfrac{\boxed{}}{20}$ $\dfrac{\boxed{}}{20}$

$\downarrow$ $\downarrow$

기약분수

④ $\dfrac{5}{6}$ − $\dfrac{2}{7}$

$\downarrow$ $\downarrow$

$\dfrac{\boxed{}}{42}$ $\dfrac{\boxed{}}{42}$

$\downarrow$ $\downarrow$

기약분수

분모가 다른 분수의 덧셈과 뺄셈

다음은 두 분수를 통분하여 계산하는 과정입니다. 빈칸에 알맞은 수를 쓰세요.

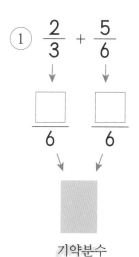

① $\dfrac{2}{3} + \dfrac{5}{6}$

$\dfrac{\square}{6} \quad \dfrac{\square}{6}$

기약분수

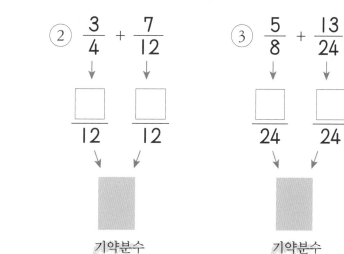

② $\dfrac{3}{4} + \dfrac{7}{12}$

$\dfrac{\square}{12} \quad \dfrac{\square}{12}$

기약분수

③ $\dfrac{5}{8} + \dfrac{13}{24}$

$\dfrac{\square}{24} \quad \dfrac{\square}{24}$

기약분수

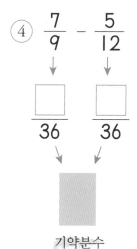

④ $\dfrac{7}{9} - \dfrac{5}{12}$

$\dfrac{\square}{36} \quad \dfrac{\square}{36}$

기약분수

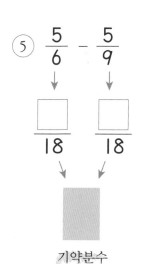

⑤ $\dfrac{5}{6} - \dfrac{5}{9}$

$\dfrac{\square}{18} \quad \dfrac{\square}{18}$

기약분수

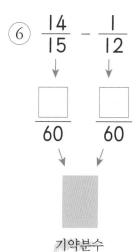

⑥ $\dfrac{14}{15} - \dfrac{1}{12}$

$\dfrac{\square}{60} \quad \dfrac{\square}{60}$

기약분수

분모가 다른 분수의 덧셈과 뺄셈

(3) 덧셈과 뺄셈 : 대분수

> **예시문제**
>
> $2\frac{2}{3} + 1\frac{1}{4}$ 과 $2\frac{2}{3} - 1\frac{1}{4}$ 을 알아봅시다.

먼저 분모를 통분한 다음, 분모가 같은 대분수의 덧셈과 뺄셈처럼 계산하면 됩니다.

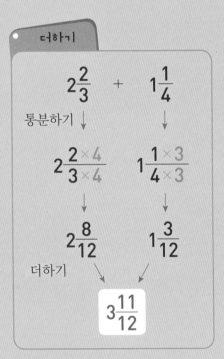

 핵심 포인트 대분수도 항상 약분하여 기약분수로 나타내세요.

분모가 다른 분수의 덧셈과 뺄셈

도전문제(1)

다음은 두 분수를 통분하여 계산하는 과정입니다. 빈칸에 알맞은 수를 쓰세요.

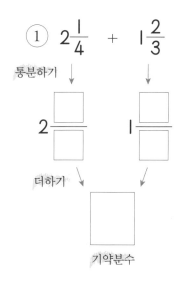

① $2\dfrac{1}{4}$ + $1\dfrac{2}{3}$

통분하기

$2\dfrac{\square}{\square}$ $1\dfrac{\square}{\square}$

더하기

기약분수

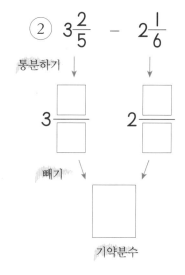

② $3\dfrac{2}{5}$ − $2\dfrac{1}{6}$

통분하기

$3\dfrac{\square}{\square}$ $2\dfrac{\square}{\square}$

빼기

기약분수

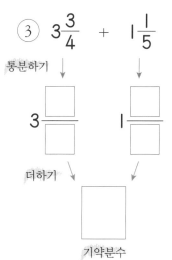

③ $3\dfrac{3}{4}$ + $1\dfrac{1}{5}$

통분하기

$3\dfrac{\square}{\square}$ $1\dfrac{\square}{\square}$

더하기

기약분수

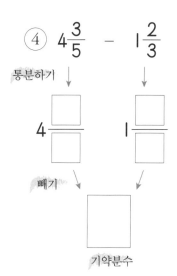

④ $4\dfrac{3}{5}$ − $1\dfrac{2}{3}$

통분하기

$4\dfrac{\square}{\square}$ $1\dfrac{\square}{\square}$

빼기

기약분수

분모가 다른 분수의 덧셈과 뺄셈

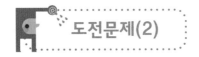
다음은 두 분수를 통분하여 계산하는 과정입니다. 빈칸에 알맞은 수를 쓰세요.

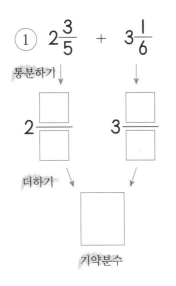

① $2\dfrac{3}{5}$ + $3\dfrac{1}{6}$

통분하기

$2\dfrac{\square}{\square}$ $3\dfrac{\square}{\square}$

더하기

기약분수

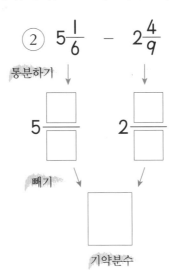

② $5\dfrac{1}{6}$ − $2\dfrac{4}{9}$

통분하기

$5\dfrac{\square}{\square}$ $2\dfrac{\square}{\square}$

빼기

기약분수

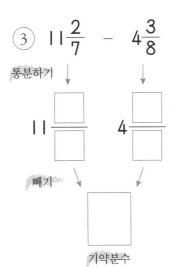

③ $11\dfrac{2}{7}$ − $4\dfrac{3}{8}$

통분하기

$11\dfrac{\square}{\square}$ $4\dfrac{\square}{\square}$

빼기

기약분수

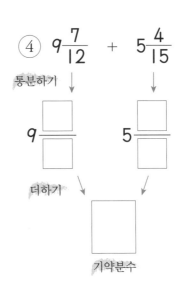

④ $9\dfrac{7}{12}$ + $5\dfrac{4}{15}$

통분하기

$9\dfrac{\square}{\square}$ $5\dfrac{\square}{\square}$

더하기

기약분수

분모가 다른 분수의 덧셈과 뺄셈

도전문제(3)

다음은 두 분수를 통분하여 계산하는 과정입니다. 빈칸에 알맞은 수를 쓰세요.

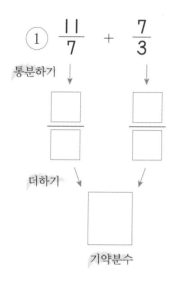

① $\dfrac{11}{7} + \dfrac{7}{3}$

통분하기

더하기

기약분수

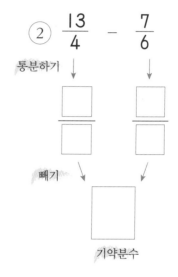

② $\dfrac{13}{4} - \dfrac{7}{6}$

통분하기

빼기

기약분수

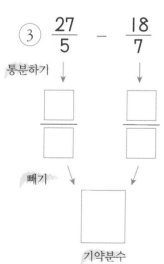

③ $\dfrac{27}{5} - \dfrac{18}{7}$

통분하기

빼기

기약분수

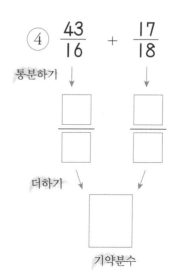

④ $\dfrac{43}{16} + \dfrac{17}{18}$

통분하기

더하기

기약분수

분모가 다른 분수의 덧셈과 뺄셈

연습문제(1)

빈칸에 알맞은 수를 쓰세요.

① $\dfrac{1}{4}+\dfrac{1}{3}=\dfrac{1\times\boxed{}}{4\times\boxed{}}+\dfrac{1\times\boxed{}}{3\times\boxed{}}=\boxed{}$

② $\dfrac{1}{4}-\dfrac{1}{5}=\dfrac{1\times\boxed{}}{4\times\boxed{}}-\dfrac{1\times\boxed{}}{5\times\boxed{}}=\boxed{}$

③ $\dfrac{1}{2}+\dfrac{1}{5}=\dfrac{1\times\boxed{}}{2\times\boxed{}}+\dfrac{1\times\boxed{}}{5\times\boxed{}}=\boxed{}$

④ $\dfrac{5}{6}-\dfrac{3}{4}=\dfrac{5\times\boxed{}}{6\times\boxed{}}-\dfrac{3\times\boxed{}}{4\times\boxed{}}=\boxed{}$

⑤ $\dfrac{5}{6}-\dfrac{2}{9}=\dfrac{5\times\boxed{}}{6\times\boxed{}}-\dfrac{2\times\boxed{}}{9\times\boxed{}}=\boxed{}$

⑥ $\dfrac{1}{4}+\dfrac{3}{10}=\dfrac{1\times\boxed{}}{4\times\boxed{}}+\dfrac{3\times\boxed{}}{10\times\boxed{}}=\boxed{}$

분모가 다른 분수의 덧셈과 뺄셈

연습문제(2)

빈칸에 알맞은 수를 쓰세요.

① $\dfrac{1}{2} + \dfrac{2}{6} = \dfrac{1 \times \boxed{}}{2 \times \boxed{}} + \dfrac{2}{6} = \boxed{}$

② $\dfrac{2}{3} - \dfrac{4}{9} = \dfrac{2 \times \boxed{}}{3 \times \boxed{}} - \dfrac{4}{9} = \boxed{}$

③ $\dfrac{1}{2} - \dfrac{4}{10} = \dfrac{1 \times \boxed{}}{2 \times \boxed{}} - \dfrac{4}{10} = \boxed{}$

④ $\dfrac{1}{3} + \dfrac{7}{12} = \dfrac{1 \times \boxed{}}{3 \times \boxed{}} + \dfrac{7}{12} = \boxed{}$

⑤ $\dfrac{4}{5} - \dfrac{8}{15} = \dfrac{4 \times \boxed{}}{5 \times \boxed{}} - \dfrac{8}{15} = \boxed{}$

⑥ $\dfrac{7}{10} + \dfrac{19}{30} = \dfrac{7 \times \boxed{}}{10 \times \boxed{}} + \dfrac{19}{30} = \boxed{}$

분모가 다른 분수의 덧셈과 뺄셈

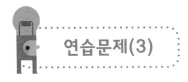

연습문제(3)

빈칸에 알맞은 수를 쓰세요.

① $\dfrac{2}{3} - \dfrac{1}{4} = \dfrac{2 \times \square}{3 \times \square} - \dfrac{1 \times \square}{4 \times \square} = $

② $\dfrac{4}{5} + \dfrac{3}{8} = \dfrac{4 \times \square}{5 \times \square} + \dfrac{3 \times \square}{8 \times \square} = $

③ $\dfrac{6}{7} - \dfrac{2}{9} = \dfrac{6 \times \square}{7 \times \square} - \dfrac{2 \times \square}{9 \times \square} = $

④ $\dfrac{11}{12} + \dfrac{7}{16} = \dfrac{11 \times \square}{12 \times \square} + \dfrac{7 \times \square}{16 \times \square} = $

⑤ $\dfrac{11}{15} + \dfrac{6}{25} = \dfrac{11 \times \square}{15 \times \square} - \dfrac{6 \times \square}{25 \times \square} = $

⑥ $\dfrac{17}{20} - \dfrac{13}{35} = \dfrac{17 \times \square}{20 \times \square} - \dfrac{13 \times \square}{35 \times \square} = $

분모가 다른 분수의 덧셈과 뺄셈

연습문제(4)

빈칸에 알맞은 수를 쓰세요.

① $\dfrac{1}{2} + \dfrac{1}{4} =$ ⬜

② $\dfrac{7}{10} + \dfrac{1}{5} =$ ⬜

③ $\dfrac{1}{3} - \dfrac{1}{4} =$ ⬜

④ $\dfrac{5}{6} - \dfrac{1}{3} =$ ⬜

⑤ $\dfrac{9}{10} - \dfrac{1}{6} =$ ⬜

⑥ $\dfrac{5}{7} - \dfrac{1}{9} =$ ⬜

⑦ $\dfrac{3}{8} + \dfrac{1}{4} =$ ⬜

⑧ $\dfrac{1}{6} + \dfrac{2}{15} =$ ⬜

⑨ $\dfrac{5}{8} - \dfrac{3}{16} =$ ⬜

⑩ $\dfrac{3}{5} - \dfrac{7}{30} =$ ⬜

⑪ $\dfrac{5}{6} - \dfrac{8}{15} =$ ⬜

⑫ $\dfrac{13}{18} - \dfrac{1}{3} =$ ⬜

113

분모가 다른 분수의 덧셈과 뺄셈

빈칸에 알맞은 수를 쓰세요.

① $2\dfrac{5}{6}+3\dfrac{3}{4}=(2+\dfrac{5\times\square}{6\times\square})+(3+\dfrac{3\times\square}{4\times\square})$

$=(2+3)+(\square+\square)=\square$

② $3\dfrac{5}{6}-2\dfrac{3}{4}=(3+\dfrac{5\times\square}{6\times\square})-(2+\dfrac{3\times\square}{4\times\square})$

$=(3-2)+(\square-\square)=\square$

③ $3\dfrac{2}{5}+4\dfrac{1}{4}=(3+\dfrac{2\times\square}{5\times\square})+(4+\dfrac{1\times\square}{4\times\square})$

$=(3+4)+(\square+\square)=\square$

114

연습문제(6)

빈칸에 알맞은 수를 쓰세요.

① $5\dfrac{2}{3} - 2\dfrac{3}{8} = (5 + \dfrac{2 \times \square}{3 \times \square}) - (2 + \dfrac{3 \times \square}{8 \times \square})$

$= (5-2) + (\square - \square) = \square$

② $5\dfrac{3}{4} - 2\dfrac{2}{5} = (5 + \dfrac{3 \times \square}{4 \times \square}) - (2 + \dfrac{2 \times \square}{5 \times \square})$

$= (5-2) + (\square - \square) = \square$

③ $12\dfrac{5}{6} + 14\dfrac{7}{9} = (12 + \dfrac{5 \times \square}{6 \times \square}) + (14 + \dfrac{7 \times \square}{9 \times \square})$

$= (12+14) + (\square + \square) = \square$

분모가 다른 분수의 덧셈과 뺄셈

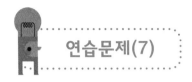

연습문제(7)

빈칸에 알맞은 수를 쓰세요.

① $10\dfrac{2}{3}+11\dfrac{4}{5}=(10+\dfrac{2\times\square}{3\times\square})+(11+\dfrac{4\times\square}{5\times\square})$

$=(10+11)+(\dfrac{\square}{}+\dfrac{\square}{})=\boxed{}$

② $4\dfrac{2}{5}-2\dfrac{1}{4}=(4+\dfrac{2\times\square}{5\times\square})-(2+\dfrac{1\times\square}{4\times\square})$

$=(4-2)+(\dfrac{\square}{}-\dfrac{\square}{})=\boxed{}$

③ $7\dfrac{1}{3}-4\dfrac{3}{8}=(6+\dfrac{4\times\square}{3\times\square})-(4+\dfrac{3\times\square}{8\times\square})$

$=(6-4)+(\dfrac{\square}{}-\dfrac{\square}{})=\boxed{}$

빈칸에 알맞은 수를 쓰세요.

① $5\dfrac{3}{4} - 2\dfrac{2}{5} = (5 + \dfrac{3 \times \boxed{}}{4 \times \boxed{}}) - (2 + \dfrac{2 \times \boxed{}}{5 \times \boxed{}})$

$= (5 - 2) + (\boxed{} - \boxed{}) = \boxed{}$

② $14\dfrac{5}{6} + 12\dfrac{7}{9} = (14 + \dfrac{5 \times \boxed{}}{6 \times \boxed{}}) + (12 + \dfrac{7 \times \boxed{}}{9 \times \boxed{}})$

$= (14 + 12) + (\boxed{} + \boxed{}) = \boxed{}$

③ $10\dfrac{2}{3} - 7\dfrac{2}{5} = (10 + \dfrac{2 \times \boxed{}}{3 \times \boxed{}}) - (7 + \dfrac{2 \times \boxed{}}{5 \times \boxed{}})$

$= (10 - 7) + (\boxed{} - \boxed{}) = \boxed{}$

분모가 다른 분수의 덧셈과 뺄셈

연습문제(9)

빈칸에 알맞은 수를 쓰세요.

① $5\dfrac{3}{4} + 6\dfrac{2}{3} =$

② $7\dfrac{3}{4} - 2\dfrac{3}{5} =$

③ $4\dfrac{3}{5} + 8\dfrac{2}{3} =$

④ $5\dfrac{2}{4} - 1\dfrac{3}{7} =$

⑤ $9\dfrac{5}{12} + \dfrac{2}{5} =$

⑥ $6\dfrac{4}{7} - 1\dfrac{3}{5} =$

⑦ $4\dfrac{8}{15} + 1\dfrac{2}{9} =$

⑧ $8\dfrac{2}{13} - 3\dfrac{4}{5} =$

⑨ $10\dfrac{1}{4} + 8\dfrac{4}{16} =$

⑩ $11\dfrac{5}{6} - 5\dfrac{7}{16} =$

⑪ $20\dfrac{3}{7} + 6\dfrac{2}{3} =$

⑫ $24\dfrac{9}{13} - 16\dfrac{2}{39} =$

정답

분모가 같은 분수의 덧셈

도전문제(1)

정사각형에 분수만큼 색칠하여 답을 구하세요.

① $\frac{1}{4} + \frac{1}{4} = \frac{2}{4}$ ② $\frac{1}{5} + \frac{1}{5} = \frac{2}{5}$

③ $\frac{1}{6} + \frac{1}{6} = \frac{2}{6}$ ④ $\frac{1}{7} + \frac{1}{7} = \frac{2}{7}$

⑤ $\frac{1}{8} + \frac{1}{8} = \frac{2}{8}$ ⑥ $\frac{1}{9} + \frac{1}{9} = \frac{2}{9}$

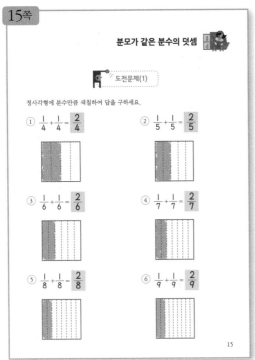

15

분모가 같은 분수의 덧셈

도전문제(1)

정사각형에 분수만큼 색칠하여 답을 구하세요.

① $\frac{3}{4} + \frac{2}{4} = \frac{5}{4}$ 또는 $1\frac{1}{4}$ ② $\frac{2}{5} + \frac{4}{5} = \frac{6}{5}$ 또는 $1\frac{1}{5}$

③ $\frac{4}{6} + \frac{3}{6} = \frac{7}{6}$ 또는 $1\frac{1}{6}$ ④ $\frac{6}{7} + \frac{5}{7} = \frac{11}{7}$ 또는 $1\frac{4}{7}$

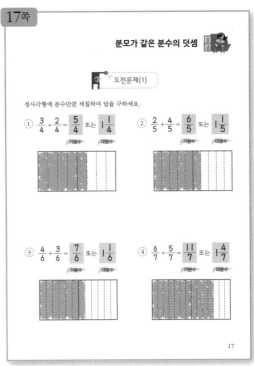

17

분모가 같은 분수의 덧셈

도전문제(2)

정사각형에 분수만큼 색칠하여 답을 구하세요.

① $\frac{3}{4} + \frac{3}{4} = \frac{6}{4}$ 또는 $1\frac{2}{4}$ ② $\frac{4}{5} + \frac{4}{5} = \frac{8}{5}$ 또는 $1\frac{3}{5}$

③ $\frac{5}{6} + \frac{4}{6} = \frac{9}{6}$ 또는 $1\frac{3}{6}$ ④ $\frac{3}{7} + \frac{6}{7} = \frac{9}{7}$ 또는 $1\frac{2}{7}$

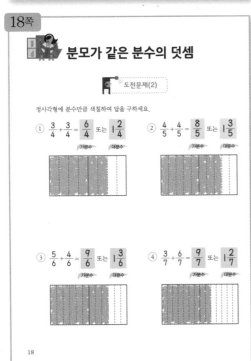

18

분모가 같은 분수의 덧셈

도전문제(3)

정사각형에 분수만큼 색칠하여 답을 구하세요.

① $\frac{5}{6} + \frac{2}{6} = \frac{7}{6}$ 또는 $1\frac{1}{6}$ ② $\frac{6}{7} + \frac{6}{7} = \frac{12}{7}$ 또는 $1\frac{5}{7}$

③ $\frac{4}{8} + \frac{7}{8} = \frac{11}{8}$ 또는 $1\frac{3}{8}$ ④ $\frac{8}{9} + \frac{8}{9} = \frac{16}{9}$ 또는 $1\frac{7}{9}$

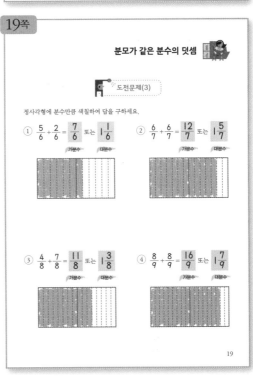

19

21쪽

분모가 같은 분수의 덧셈

도전문제(1)

정사각형에 분수만큼 색칠하여 답을 구하세요.

① $\frac{6}{4} + \frac{3}{4} = \frac{9}{4}$ 또는 $2\frac{1}{4}$

② $\frac{4}{5} + \frac{7}{5} = \frac{11}{5}$ 또는 $2\frac{1}{5}$

③ $\frac{7}{6} + \frac{5}{6} = \frac{12}{6}$ 또는 2

22쪽

분모가 같은 분수의 덧셈

도전문제(2)

정사각형에 분수만큼 색칠하여 답을 구하세요.

① $\frac{1}{4} + \frac{10}{4} = \frac{11}{4}$ 또는 $2\frac{3}{4}$

② $\frac{2}{5} + \frac{11}{5} = \frac{13}{5}$ 또는 $2\frac{3}{5}$

③ $\frac{13}{6} + \frac{4}{6} = \frac{17}{6}$ 또는 $2\frac{5}{6}$

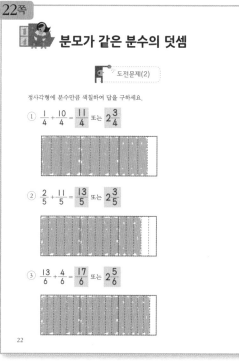

23쪽

분모가 같은 분수의 덧셈

도전문제(3)

정사각형에 분수만큼 색칠하여 답을 구하세요.

① $\frac{5}{7} + \frac{11}{7} = \frac{16}{7}$ 또는 $2\frac{2}{7}$

② $\frac{13}{8} + \frac{6}{8} = \frac{19}{8}$ 또는 $2\frac{3}{8}$

③ $\frac{4}{9} + \frac{15}{9} = \frac{19}{9}$ 또는 $2\frac{1}{9}$

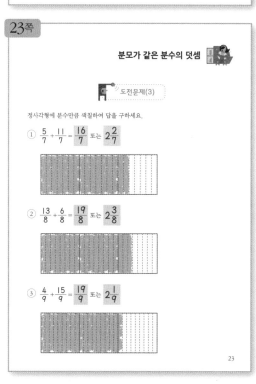

25쪽

분모가 같은 분수의 덧셈

도전문제(1)

정사각형에 분수만큼 색칠하여 답을 구하세요.

① $\frac{6}{4} + \frac{7}{4} = \frac{13}{4}$ 또는 $3\frac{1}{4}$

② $\frac{8}{5} + \frac{9}{5} = \frac{17}{5}$ 또는 $3\frac{2}{5}$

③ $\frac{13}{6} + \frac{11}{6} = \frac{24}{6}$ 또는 4

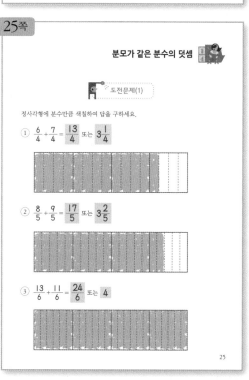

분모가 같은 분수의 덧셈

도전문제(2)

정사각형에 분수만큼 색칠하여 답을 구하세요.

① $\frac{9}{4} + \frac{6}{4} = \frac{15}{4}$ 또는 $3\frac{3}{4}$

② $\frac{7}{5} + \frac{11}{5} = \frac{18}{5}$ 또는 $3\frac{3}{5}$

③ $\frac{15}{6} + \frac{8}{6} = \frac{23}{6}$ 또는 $3\frac{5}{6}$

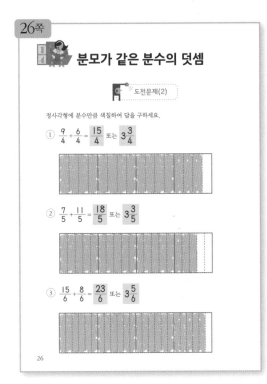

26

분모가 같은 분수의 덧셈

도전문제(3)

정사각형에 분수만큼 색칠하여 답을 구하세요.

① $\frac{13}{7} + \frac{11}{7} = \frac{24}{7}$ 또는 $3\frac{3}{7}$

② $\frac{17}{8} + \frac{14}{8} = \frac{31}{8}$ 또는 $3\frac{7}{8}$

③ $\frac{12}{9} + \frac{17}{9} = \frac{29}{9}$ 또는 $3\frac{2}{9}$

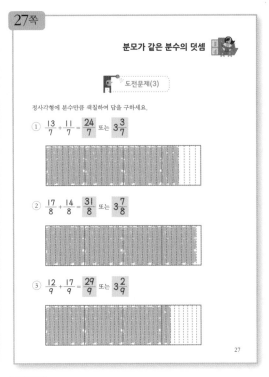

27

분모가 같은 분수의 덧셈

도전문제(1)

빈칸에 알맞은 수를 쓰세요.

① $1\frac{3}{4} + 1\frac{2}{4} = 3\frac{1}{4}$ 또는 $\frac{13}{4}$

② $6\frac{2}{3} + 5\frac{2}{3} = 12\frac{1}{3}$ 또는 $\frac{37}{3}$

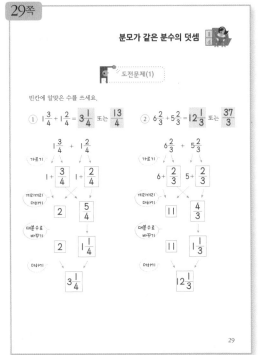

29

분모가 같은 분수의 덧셈

도전문제(2)

빈칸에 알맞은 수를 쓰세요.

① $1\frac{3}{5} + 4\frac{1}{5} = 5\frac{4}{5}$ 또는 $\frac{29}{5}$

② $3\frac{3}{6} + 4\frac{2}{6} = 7\frac{5}{6}$ 또는 $\frac{47}{6}$

③ $5\frac{3}{7} + 8\frac{2}{7} = 13\frac{5}{7}$ 또는 $\frac{96}{7}$

④ $9\frac{1}{8} + 12\frac{4}{8} = 21\frac{5}{8}$ 또는 $\frac{173}{8}$

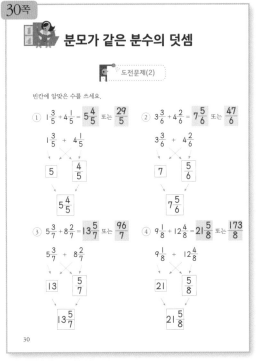

30

31쪽

분모가 같은 분수의 덧셈

도전문제(3)

빈칸에 알맞은 수를 쓰세요.

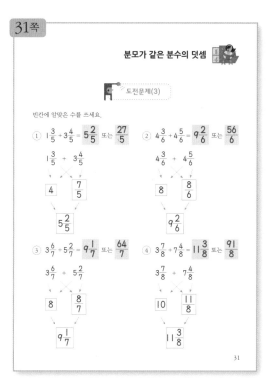

33쪽

분모가 같은 분수의 덧셈

도전문제(1)

빈칸에 알맞은 수를 쓰세요.

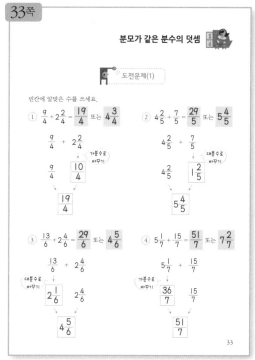

34쪽

분모가 같은 분수의 덧셈

도전문제(2)

빈칸에 알맞은 수를 쓰세요.

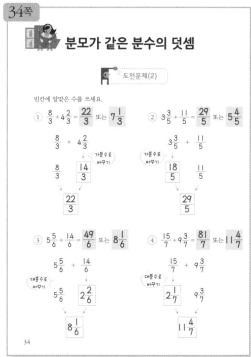

35쪽

분모가 같은 분수의 덧셈

도전문제(3)

빈칸에 알맞은 수를 쓰세요.

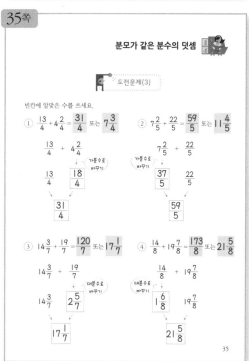

36쪽

분모가 같은 분수의 덧셈

연습문제(1)

빈칸에 알맞은 수를 쓰세요.

① $\frac{2}{7} + \frac{4}{7} = \frac{6}{7}$

② $\frac{1}{8} + \frac{6}{8} = \frac{7}{8}$

③ $\frac{2}{9} + \frac{5}{9} = \frac{7}{9}$

④ $\frac{3}{10} + \frac{4}{10} = \frac{7}{10}$

⑤ $\frac{4}{11} + \frac{5}{11} = \frac{9}{11}$

⑥ $\frac{6}{12} + \frac{5}{12} = \frac{11}{12}$

⑦ $\frac{7}{13} + \frac{5}{13} = \frac{12}{13}$

⑧ $\frac{3}{14} + \frac{6}{14} = \frac{9}{14}$

⑨ $\frac{7}{15} + \frac{7}{15} = \frac{14}{15}$

⑩ $\frac{7}{16} + \frac{4}{16} = \frac{11}{16}$

⑪ $\frac{8}{17} + \frac{7}{17} = \frac{15}{17}$

⑫ $\frac{9}{18} + \frac{4}{18} = \frac{13}{18}$

36

37쪽

분모가 같은 분수의 덧셈

연습문제(2)

빈칸에 알맞은 수를 쓰세요.

① $\frac{5}{7} + \frac{4}{7} = \frac{9}{7}$ 또는 $1\frac{2}{7}$

② $\frac{6}{8} + \frac{3}{8} = \frac{9}{8}$ 또는 $1\frac{1}{8}$

③ $\frac{6}{9} + \frac{5}{9} = \frac{11}{9}$ 또는 $1\frac{2}{9}$

④ $\frac{3}{10} + \frac{8}{10} = \frac{11}{10}$ 또는 $1\frac{1}{10}$

⑤ $\frac{7}{11} + \frac{9}{11} = \frac{16}{11}$ 또는 $1\frac{5}{11}$

⑥ $\frac{6}{12} + \frac{11}{12} = \frac{17}{12}$ 또는 $1\frac{5}{12}$

⑦ $\frac{7}{13} + \frac{8}{13} = \frac{15}{13}$ 또는 $1\frac{2}{13}$

⑧ $\frac{13}{14} + \frac{6}{14} = \frac{19}{14}$ 또는 $1\frac{5}{14}$

⑨ $\frac{12}{15} + \frac{7}{15} = \frac{19}{15}$ 또는 $1\frac{4}{15}$

⑩ $\frac{15}{16} + \frac{14}{16} = \frac{29}{16}$ 또는 $1\frac{13}{16}$

⑪ $\frac{11}{17} + \frac{13}{17} = \frac{24}{17}$ 또는 $1\frac{7}{17}$

⑫ $\frac{10}{18} + \frac{15}{18} = \frac{25}{18}$ 또는 $1\frac{7}{18}$

37

38쪽

분모가 같은 분수의 덧셈

연습문제(3)

빈칸에 알맞은 수를 쓰세요.

① $\frac{11}{4} + \frac{2}{4} = \frac{13}{4}$ 또는 $3\frac{1}{4}$

② $5\frac{3}{4} + \frac{16}{4} = \frac{39}{4}$ 또는 $9\frac{3}{4}$

③ $\frac{11}{5} + \frac{2}{5} = \frac{13}{5}$ 또는 $2\frac{3}{5}$

④ $5\frac{3}{5} + \frac{16}{5} = \frac{44}{5}$ 또는 $8\frac{4}{5}$

⑤ $\frac{11}{6} + \frac{2}{6} = \frac{13}{6}$ 또는 $2\frac{1}{6}$

⑥ $5\frac{3}{6} + \frac{16}{6} = \frac{49}{6}$ 또는 $8\frac{1}{6}$

⑦ $\frac{11}{8} + \frac{2}{8} = \frac{13}{8}$ 또는 $1\frac{5}{8}$

⑧ $5\frac{3}{7} + \frac{16}{7} = \frac{54}{7}$ 또는 $7\frac{5}{7}$

⑨ $\frac{11}{9} + \frac{2}{9} = \frac{13}{9}$ 또는 $1\frac{4}{9}$

⑩ $5\frac{3}{8} + \frac{16}{8} = \frac{59}{8}$ 또는 $7\frac{3}{8}$

⑪ $\frac{11}{10} + \frac{2}{10} = \frac{13}{10}$ 또는 $1\frac{3}{10}$

⑫ $5\frac{3}{9} + \frac{16}{9} = \frac{64}{9}$ 또는 $7\frac{1}{9}$

38

39쪽

분모가 같은 분수의 덧셈

연습문제(4)

빈칸에 알맞은 수를 쓰세요.

① $\frac{11}{4} + \frac{12}{4} = \frac{23}{4}$ 또는 $5\frac{3}{4}$

② $\frac{13}{5} + \frac{16}{5} = \frac{29}{5}$ 또는 $5\frac{4}{5}$

③ $\frac{17}{6} + \frac{12}{6} = \frac{29}{6}$ 또는 $4\frac{5}{6}$

④ $\frac{23}{7} + \frac{16}{7} = \frac{39}{7}$ 또는 $5\frac{4}{7}$

⑤ $\frac{21}{8} + \frac{11}{8} = \frac{32}{8}$ 또는 4

⑥ $\frac{13}{9} + \frac{25}{9} = \frac{38}{9}$ 또는 $4\frac{2}{9}$

⑦ $\frac{17}{10} + \frac{24}{10} = \frac{41}{10}$ 또는 $4\frac{1}{10}$

⑧ $\frac{31}{11} + \frac{12}{11} = \frac{43}{11}$ 또는 $3\frac{10}{11}$

⑨ $\frac{27}{12} + \frac{22}{12} = \frac{49}{12}$ 또는 $4\frac{1}{12}$

⑩ $\frac{16}{13} + \frac{16}{13} = \frac{32}{13}$ 또는 $2\frac{6}{13}$

⑪ $\frac{40}{14} + \frac{13}{14} = \frac{53}{14}$ 또는 $3\frac{11}{14}$

⑫ $\frac{31}{15} + \frac{20}{15} = \frac{51}{15}$ 또는 $3\frac{6}{15}$

39

분모가 같은 분수의 덧셈

 연습문제(5)

빈칸에 알맞은 수를 쓰세요.(단, 답은 가분수로만 적으세요.)

① $3\frac{1}{4} + 1\frac{2}{4} = \frac{19}{4}$

② $4\frac{2}{5} + 2\frac{1}{5} = \frac{33}{5}$

③ $6\frac{1}{2} + 7\frac{1}{2} = \frac{28}{2}$

④ $3\frac{1}{2} + 9\frac{1}{2} = \frac{26}{2}$

⑤ $3\frac{2}{6} + 5\frac{3}{6} = \frac{53}{6}$

⑥ $7\frac{1}{6} + 8\frac{5}{6} = \frac{96}{6}$

⑦ $5\frac{3}{7} + 8\frac{2}{7} = \frac{96}{7}$

⑧ $6\frac{1}{7} + 11\frac{3}{7} = \frac{123}{7}$

⑨ $13\frac{2}{8} + 21\frac{3}{8} = \frac{277}{8}$

⑩ $9\frac{5}{8} + 21\frac{2}{8} = \frac{247}{8}$

⑪ $27\frac{1}{9} + 13\frac{4}{9} = \frac{365}{9}$

⑫ $25\frac{3}{9} + 25\frac{4}{9} = \frac{457}{9}$

40

분모가 같은 분수의 덧셈

 연습문제(6)

빈칸에 알맞은 수를 쓰세요.(단, 답은 대분수나 자연수로만 적으세요.)

① $3\frac{3}{4} + 1\frac{2}{4} = 5\frac{1}{4}$

② $4\frac{4}{5} + 2\frac{3}{5} = 7\frac{2}{5}$

③ $6\frac{1}{4} + 7\frac{3}{4} = 14$

④ $3\frac{1}{5} + 9\frac{4}{5} = 13$

⑤ $3\frac{5}{6} + 5\frac{2}{6} = 9\frac{1}{6}$

⑥ $7\frac{2}{6} + 8\frac{5}{6} = 16\frac{1}{6}$

⑦ $5\frac{6}{7} + 8\frac{5}{7} = 14\frac{4}{7}$

⑧ $6\frac{5}{7} + 11\frac{4}{7} = 18\frac{2}{7}$

⑨ $13\frac{7}{8} + 21\frac{4}{8} = 35\frac{3}{8}$

⑩ $9\frac{7}{8} + 21\frac{6}{8} = 31\frac{5}{8}$

⑪ $27\frac{8}{9} + 13\frac{5}{9} = 41\frac{4}{9}$

⑫ $25\frac{5}{9} + 25\frac{4}{9} = 51$

41

 분모가 같은 분수의 덧셈

 연습문제(7)

빈칸에 알맞은 수를 쓰세요.(단, 답은 대분수로만 적으세요.)

① $3\frac{7}{12} + 5\frac{10}{12} = 9\frac{5}{12}$

② $12\frac{6}{13} + 17\frac{8}{13} = 30\frac{1}{13}$

③ $5\frac{7}{14} + 11\frac{10}{14} = 17\frac{3}{14}$

④ $21\frac{7}{15} + 31\frac{7}{15} = 52\frac{14}{15}$

⑤ $28\frac{9}{16} + 14\frac{8}{16} = 43\frac{1}{16}$

⑥ $34\frac{7}{17} + 24\frac{5}{17} = 58\frac{12}{17}$

⑦ $50\frac{6}{18} + 33\frac{17}{18} = 84\frac{5}{18}$

⑧ $42\frac{15}{19} + 18\frac{6}{19} = 61\frac{2}{19}$

⑨ $27\frac{13}{20} + 25\frac{10}{20} = 53\frac{3}{20}$

⑩ $53\frac{6}{21} + 100\frac{16}{21} = 58\frac{1}{21}$

⑪ $100\frac{17}{24} + 100\frac{16}{24} = 201\frac{9}{24}$

⑫ $29\frac{19}{100} + 59\frac{98}{100} = 89\frac{17}{100}$

42

분모가 같은 분수의 뺄셈

도전문제(1)

정사각형에 첫 번째 분수만큼 색칠한 다음 빼는 수만큼 ×표 하세요. 그리고
안에 알맞은 분수를 쓰세요.

① $\frac{3}{4} - \frac{2}{4} = \frac{1}{4}$

② $\frac{5}{6} - \frac{4}{6} = \frac{1}{6}$

③ $\frac{3}{5} - \frac{2}{5} = \frac{1}{5}$

④ $\frac{3}{6} - \frac{2}{6} = \frac{1}{6}$

⑤ $\frac{7}{8} - \frac{4}{8} = \frac{3}{8}$

⑥ $\frac{5}{7} - \frac{2}{7} = \frac{3}{7}$

45

분모가 같은 분수의 뺄셈

도전문제(2)

정사각형에 첫 번째 분수만큼 색칠한 다음 빼는 수만큼 ×표 하세요. 그리고 안에 알맞은 분수를 쓰세요.

① $\frac{3}{4} - \frac{1}{4} = \frac{2}{4}$ ② $\frac{4}{5} - \frac{1}{5} = \frac{3}{5}$

③ $\frac{5}{6} - \frac{3}{6} = \frac{2}{6}$ ④ $\frac{6}{7} - \frac{5}{7} = \frac{1}{7}$

⑤ $\frac{6}{8} - \frac{3}{8} = \frac{3}{8}$ ⑥ $\frac{8}{9} - \frac{7}{9} = \frac{1}{9}$

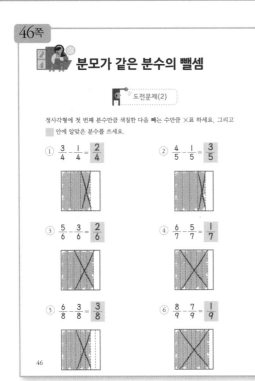

분모가 같은 분수의 뺄셈

도전문제(3)

정사각형에 첫 번째 분수만큼 색칠한 다음 빼는 수만큼 ×표 하세요. 그리고 안에 알맞은 분수를 쓰세요.

① $\frac{4}{5} - \frac{2}{5} = \frac{2}{5}$ ② $\frac{5}{6} - \frac{1}{6} = \frac{4}{6}$

③ $\frac{6}{7} - \frac{2}{7} = \frac{4}{7}$ ④ $\frac{5}{8} - \frac{1}{8} = \frac{4}{8}$

⑤ $\frac{8}{9} - \frac{7}{9} = \frac{1}{9}$ ⑥ $\frac{9}{10} - \frac{4}{10} = \frac{5}{10}$

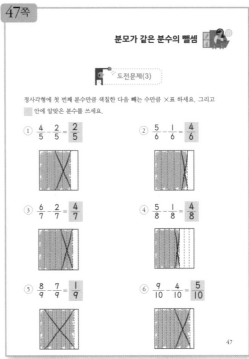

분모가 같은 분수의 뺄셈

도전문제(1)

정사각형에 첫 번째 분수만큼 색칠한 다음 빼는 수만큼 ×표 하세요. 그리고 안에 알맞은 분수를 쓰세요.

① $\frac{6}{4} - \frac{1}{4} = \frac{5}{4}$ 또는 $1\frac{1}{4}$ ② $\frac{9}{5} - \frac{2}{5} = \frac{7}{5}$ 또는 $1\frac{2}{5}$

③ $\frac{11}{6} - \frac{4}{6} = \frac{7}{6}$ 또는 $1\frac{1}{6}$ ④ $\frac{13}{7} - \frac{5}{7} = \frac{8}{7}$ 또는 $1\frac{1}{7}$

⑤ $\frac{15}{8} - \frac{3}{8} = \frac{12}{8}$ 또는 $1\frac{4}{8}$ ⑥ $\frac{17}{9} - \frac{7}{9} = \frac{10}{9}$ 또는 $1\frac{1}{9}$

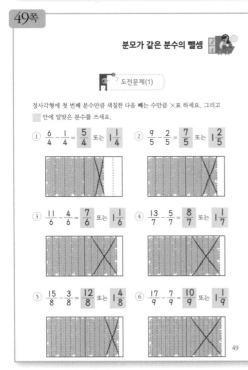

분모가 같은 분수의 뺄셈

도전문제(2)

정사각형에 첫 번째 분수만큼 색칠한 다음 빼는 수만큼 ×표 하세요. 그리고 안에 알맞은 분수를 쓰세요.

① $\frac{11}{4} - \frac{2}{4} = \frac{9}{4}$ 또는 $2\frac{1}{4}$

② $\frac{14}{5} - \frac{3}{5} = \frac{11}{5}$ 또는 $2\frac{1}{5}$

③ $\frac{17}{6} - \frac{4}{6} = \frac{13}{6}$ 또는 $2\frac{1}{6}$

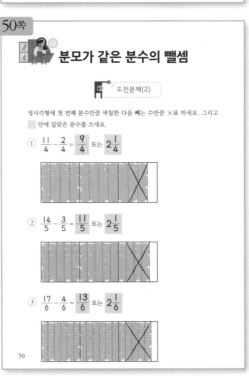

51쪽

분모가 같은 분수의 뺄셈

도전문제(3)

정사각형에 첫 번째 분수만큼 색칠한 다음 빼는 수만큼 ✕표 하세요. 그리고
⬜ 안에 알맞은 분수를 쓰세요.

① $\dfrac{20}{7} - \dfrac{4}{7} = \dfrac{16}{7}$ 또는 $2\dfrac{2}{7}$

② $\dfrac{22}{8} - \dfrac{7}{8} = \dfrac{15}{8}$ 또는 $1\dfrac{7}{8}$

③ $\dfrac{25}{9} - \dfrac{2}{9} = \dfrac{23}{9}$ 또는 $2\dfrac{5}{9}$

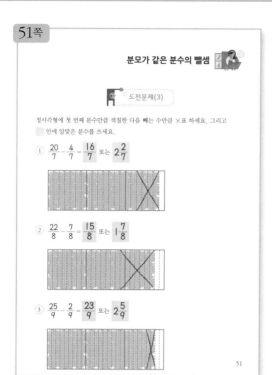

51

53쪽

분모가 같은 분수의 뺄셈

도전문제(1)

정사각형의 칸을 나눈 다음, 빼는 수만큼 ✕표 하여 답을 구하세요.

① $1 - \dfrac{3}{4} = \dfrac{4}{4} - \dfrac{3}{4} = \dfrac{1}{4}$

② $1 - \dfrac{2}{5} = \dfrac{5}{5} - \dfrac{2}{5} = \dfrac{3}{5}$

③ $1 - \dfrac{1}{6} = \dfrac{6}{6} - \dfrac{1}{6} = \dfrac{5}{6}$

④ $1 - \dfrac{4}{7} = \dfrac{7}{7} - \dfrac{4}{7} = \dfrac{3}{7}$

⑤ $1 - \dfrac{5}{8} = \dfrac{8}{8} - \dfrac{5}{8} = \dfrac{3}{8}$

⑥ $1 - \dfrac{4}{9} = \dfrac{9}{9} - \dfrac{4}{9} = \dfrac{5}{9}$

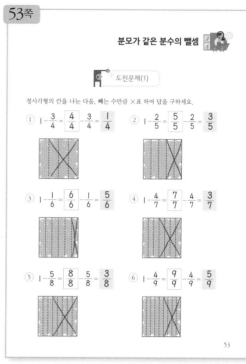

53

54쪽

분모가 같은 분수의 뺄셈

도전문제(2)

정사각형의 칸을 나눈 다음, 빼는 수만큼 ✕표 하여 답을 구하세요.

① $2 - \dfrac{5}{4} = \dfrac{8}{4} - \dfrac{5}{4} = \dfrac{3}{4}$

② $2 - \dfrac{7}{5} = \dfrac{10}{5} - \dfrac{7}{5} = \dfrac{3}{5}$

③ $2 - \dfrac{7}{6} = \dfrac{12}{6} - \dfrac{7}{6} = \dfrac{5}{6}$

④ $2 - \dfrac{11}{7} = \dfrac{14}{7} - \dfrac{11}{7} = \dfrac{3}{7}$

⑤ $2 - \dfrac{13}{8} = \dfrac{16}{8} - \dfrac{13}{8} = \dfrac{3}{8}$

⑥ $2 - \dfrac{14}{9} = \dfrac{18}{9} - \dfrac{14}{9} = \dfrac{4}{9}$

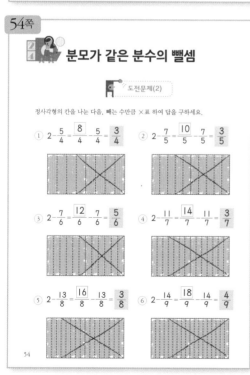

54

55쪽

분모가 같은 분수의 뺄셈

도전문제(3)

정사각형의 칸을 나눈 다음, 빼는 수만큼 ✕표 하여 답을 구하세요.

① $1 - \dfrac{3}{4} = \dfrac{1}{4}$

② $3 - \dfrac{3}{5} = \dfrac{12}{5}$ 또는 $2\dfrac{2}{5}$

③ $1 - \dfrac{5}{7} = \dfrac{2}{7}$

④ $2 - \dfrac{5}{6} = \dfrac{7}{6}$ 또는 $1\dfrac{1}{6}$

⑤ $1 - \dfrac{1}{8} = \dfrac{7}{8}$

⑥ $3 - \dfrac{1}{8} = \dfrac{23}{8}$ 또는 $2\dfrac{7}{8}$

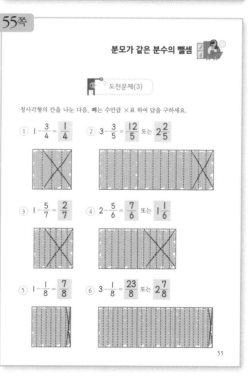

55

분모가 같은 분수의 뺄셈

도전문제(1)

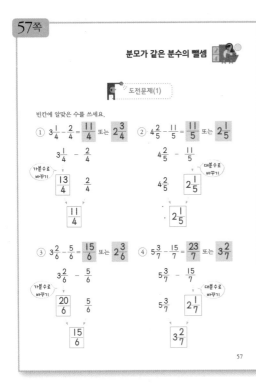

분모가 같은 분수의 뺄셈

도전문제(2)

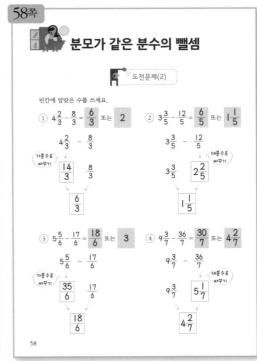

분모가 같은 분수의 뺄셈

도전문제(3)

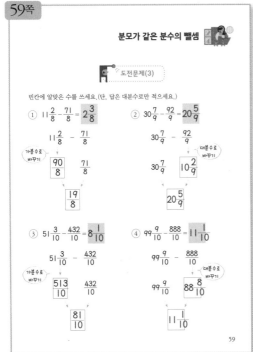

분모가 같은 분수의 뺄셈

도전문제(1)

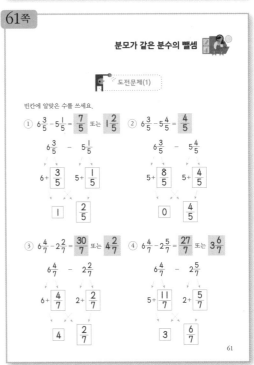

62쪽

분모가 같은 분수의 뺄셈

도전문제(2)

빈칸에 알맞은 수를 쓰세요.

① $3\frac{3}{5} - 1\frac{4}{5} = \frac{9}{5}$ 또는 $1\frac{4}{5}$

$3\frac{3}{5} \quad - \quad 1\frac{4}{5}$

$2 + \frac{8}{5} \qquad 1 + \frac{4}{5}$

$1 \qquad \frac{4}{5}$

② $5\frac{2}{4} - 3\frac{3}{4} = \frac{7}{4}$ 또는 $1\frac{3}{4}$

$5\frac{2}{4} \quad - \quad 3\frac{3}{4}$

$4 + \frac{6}{4} \qquad 3 + \frac{3}{4}$

$1 \qquad \frac{3}{4}$

③ $3\frac{1}{5} - 1\frac{3}{5} = \frac{8}{5}$ 또는 $1\frac{3}{5}$

$3\frac{1}{5} \quad - \quad 1\frac{3}{5}$

$2 + \frac{6}{5} \qquad 1 + \frac{3}{5}$

$1 \qquad \frac{3}{5}$

④ $6\frac{2}{7} - 3\frac{5}{7} = \frac{18}{7}$ 또는 $2\frac{4}{7}$

$6\frac{2}{7} \quad - \quad 3\frac{5}{7}$

$5 + \frac{9}{7} \qquad 3 + \frac{5}{7}$

$2 \qquad \frac{4}{7}$

63쪽

분모가 같은 분수의 뺄셈

연습문제(1)

빈칸에 알맞은 수를 쓰세요.

① $\frac{5}{6} - \frac{1}{6} = \frac{4}{6}$ ② $\frac{6}{7} - \frac{4}{7} = \frac{2}{7}$

③ $\frac{8}{9} - \frac{6}{9} = \frac{2}{9}$ ④ $\frac{7}{8} - \frac{4}{8} = \frac{3}{8}$

⑤ $\frac{10}{11} - \frac{5}{11} = \frac{5}{11}$ ⑥ $\frac{9}{10} - \frac{2}{10} = \frac{7}{10}$

⑦ $\frac{11}{13} - \frac{5}{13} = \frac{6}{13}$ ⑧ $\frac{13}{14} - \frac{4}{14} = \frac{9}{14}$

⑨ $\frac{12}{15} - \frac{8}{15} = \frac{4}{15}$ ⑩ $\frac{14}{16} - \frac{9}{16} = \frac{5}{16}$

⑪ $\frac{14}{17} - \frac{8}{17} = \frac{6}{17}$ ⑫ $\frac{16}{19} - \frac{11}{19} = \frac{5}{19}$

64쪽

분모가 같은 분수의 뺄셈

연습문제(2)

빈칸에 알맞은 수를 쓰세요.

① $\frac{13}{7} - \frac{4}{7} = \frac{9}{7}$ 또는 $1\frac{2}{7}$ ② $\frac{15}{8} - \frac{4}{8} = \frac{11}{8}$ 또는 $1\frac{3}{8}$

③ $\frac{14}{9} - \frac{1}{9} = \frac{13}{9}$ 또는 $1\frac{4}{9}$ ④ $\frac{17}{10} - \frac{4}{10} = \frac{13}{10}$ 또는 $1\frac{3}{10}$

⑤ $\frac{20}{11} - \frac{5}{11} = \frac{15}{11}$ 또는 $1\frac{4}{11}$ ⑥ $\frac{19}{12} - \frac{2}{12} = \frac{17}{12}$ 또는 $1\frac{5}{12}$

⑦ $\frac{17}{13} - \frac{1}{13} = \frac{16}{13}$ 또는 $1\frac{3}{13}$ ⑧ $\frac{23}{14} - \frac{6}{14} = \frac{17}{14}$ 또는 $1\frac{3}{14}$

⑨ $\frac{22}{15} - \frac{6}{15} = \frac{16}{15}$ 또는 $1\frac{1}{15}$ ⑩ $\frac{39}{16} - \frac{12}{16} = \frac{27}{16}$ 또는 $1\frac{11}{16}$

⑪ $\frac{30}{17} - \frac{9}{17} = \frac{21}{17}$ 또는 $1\frac{4}{17}$ ⑫ $\frac{30}{18} - \frac{5}{18} = \frac{25}{18}$ 또는 $1\frac{7}{18}$

65쪽

분모가 같은 분수의 뺄셈

연습문제(3)

빈칸에 알맞은 수를 쓰세요.(단, 계산 결과는 대분수로 쓰세요.)

① $3 - 1\frac{1}{4} = (2 + \frac{4}{4}) - (1 + \frac{1}{4}) = (2-1) + (\frac{4}{4} - \frac{1}{4}) = 1\frac{3}{4}$

② $3 - 1\frac{3}{5} = (2 + \frac{5}{5}) - (1 + \frac{3}{5}) = (2-1) + (\frac{5}{5} - \frac{3}{5}) = 1\frac{2}{5}$

③ $4 - 2\frac{1}{5} = (3 + \frac{5}{5}) - (2 + \frac{1}{5}) = (3-2) + (\frac{5}{5} - \frac{1}{5}) = 1\frac{4}{5}$

④ $4 - 2\frac{4}{7} = (3 + \frac{7}{7}) - (2 + \frac{4}{7}) = (3-2) + (\frac{7}{7} - \frac{4}{7}) = 1\frac{3}{7}$

⑤ $6 - 4\frac{3}{8} = (5 + \frac{8}{8}) - (4 + \frac{3}{8}) = (5-4) + (\frac{8}{8} - \frac{3}{8}) = 1\frac{5}{8}$

⑥ $8 - 4\frac{3}{9} = (7 + \frac{9}{9}) - (4 + \frac{3}{9}) = (7-4) + (\frac{9}{9} - \frac{3}{9}) = 3\frac{6}{9}$

분모가 같은 분수의 뺄셈

 연습문제(4)

빈칸에 알맞은 수를 쓰세요.

① $1 - \dfrac{3}{7} = \dfrac{4}{7}$ ② $1 - \dfrac{4}{9} = \dfrac{5}{9}$

③ $1 - \dfrac{5}{11} = \dfrac{6}{11}$ ④ $1 - \dfrac{6}{13} = \dfrac{7}{13}$

⑤ $1 - \dfrac{4}{15} = \dfrac{11}{15}$ ⑥ $1 - \dfrac{5}{17} = \dfrac{12}{17}$

⑦ $3 - 1\dfrac{3}{4} = \dfrac{5}{4}$ 또는 $1\dfrac{1}{4}$ ⑧ $3 - \dfrac{7}{5} = \dfrac{8}{5}$ 또는 $1\dfrac{3}{5}$

⑨ $3 - 1\dfrac{1}{6} = \dfrac{11}{6}$ 또는 $1\dfrac{5}{6}$ ⑩ $3 - \dfrac{15}{8} = \dfrac{9}{8}$ 또는 $1\dfrac{1}{8}$

⑪ $4 - 2\dfrac{3}{8} = \dfrac{13}{8}$ 또는 $1\dfrac{5}{8}$ ⑫ $5 - 3\dfrac{4}{7} = \dfrac{10}{7}$ 또는 $1\dfrac{3}{7}$

66

 ## 분모가 같은 분수의 뺄셈

 연습문제(5)

빈칸에 알맞은 수를 쓰세요.(단, 계산 결과는 대분수로 쓰세요.)

① $3\dfrac{3}{4} - 1\dfrac{1}{4} = (3 + \dfrac{3}{4}) - (1 + \dfrac{1}{4}) = (3-1) + (\dfrac{3}{4} - \dfrac{1}{4}) = 2\dfrac{2}{4}$

② $3\dfrac{2}{4} - 1\dfrac{3}{4} = (2 + \dfrac{6}{4}) - (1 + \dfrac{3}{4}) = (2-1) + (\dfrac{6}{4} - \dfrac{3}{4}) = 1\dfrac{3}{4}$

③ $4\dfrac{4}{5} - 2\dfrac{1}{5} = (4 + \dfrac{4}{5}) - (2 + \dfrac{1}{5}) = (4-2) + (\dfrac{4}{5} - \dfrac{1}{5}) = 2\dfrac{3}{5}$

④ $4\dfrac{2}{5} - 1\dfrac{4}{5} = (3 + \dfrac{7}{5}) - (1 + \dfrac{4}{5}) = (3-1) + (\dfrac{7}{5} - \dfrac{4}{5}) = 2\dfrac{3}{5}$

⑤ $6\dfrac{6}{7} - 2\dfrac{3}{7} = (6 + \dfrac{6}{7}) - (2 + \dfrac{3}{7}) = (6-2) + (\dfrac{6}{7} - \dfrac{3}{7}) = 4\dfrac{3}{7}$

⑥ $6\dfrac{3}{7} - 2\dfrac{6}{7} = (5 + \dfrac{10}{7}) - (2 + \dfrac{6}{7}) = (5-2) + (\dfrac{10}{7} - \dfrac{6}{7}) = 3\dfrac{4}{7}$

67

 ## 분모가 같은 분수의 뺄셈

 연습문제(6)

빈칸에 알맞은 수를 쓰세요.

① $3\dfrac{2}{4} - 1\dfrac{3}{4} = \dfrac{7}{4}$ 또는 $1\dfrac{3}{4}$ ② $5 - 2\dfrac{1}{4} = \dfrac{11}{4}$ 또는 $2\dfrac{3}{4}$

③ $3\dfrac{3}{5} - 2\dfrac{2}{5} = \dfrac{6}{5}$ 또는 $1\dfrac{1}{5}$ ④ $6 - 1\dfrac{4}{5} = \dfrac{21}{5}$ 또는 $4\dfrac{1}{5}$

⑤ $3\dfrac{4}{6} - 1\dfrac{3}{6} = \dfrac{13}{6}$ 또는 $2\dfrac{1}{6}$ ⑥ $5 - 2\dfrac{3}{6} = \dfrac{15}{6}$ 또는 $2\dfrac{3}{6}$

⑦ $16\dfrac{2}{7} - 13\dfrac{3}{7} = \dfrac{20}{7}$ 또는 $2\dfrac{6}{7}$ ⑧ $18 - 13\dfrac{5}{7} = \dfrac{30}{7}$ 또는 $4\dfrac{2}{7}$

⑨ $25\dfrac{4}{7} - 21\dfrac{3}{7} = \dfrac{29}{7}$ 또는 $4\dfrac{1}{7}$ ⑩ $14\dfrac{1}{7} - 11 = \dfrac{22}{7}$ 또는 $3\dfrac{1}{7}$

⑪ $6\dfrac{1}{12} - 3\dfrac{2}{12} = \dfrac{35}{12}$ 또는 $2\dfrac{11}{12}$ ⑫ $6\dfrac{5}{12} - 3 = \dfrac{41}{12}$ 또는 $3\dfrac{5}{12}$

68

통분과 약분

도전문제(1)

다음 정사각형에 가로줄을 그려서 작은 조각으로 똑같이 나누고, 분모가 다른 여러 분수로 나타내세요.

① ②

 $\dfrac{1}{2} = \dfrac{2}{4}$ 2등분 $\dfrac{3}{5} = \dfrac{6}{10}$

 $\dfrac{1}{2} = \dfrac{3}{6}$ 3등분 $\dfrac{3}{5} = \dfrac{9}{15}$

 $\dfrac{1}{2} = \dfrac{4}{8}$ 4등분 $\dfrac{3}{5} = \dfrac{12}{20}$

 $\dfrac{1}{2} = \dfrac{5}{10}$ 5등분 $\dfrac{3}{5} = \dfrac{15}{25}$

 $\dfrac{1}{2} = \dfrac{6}{12}$ 6등분 $\dfrac{3}{5} = \dfrac{18}{30}$

71

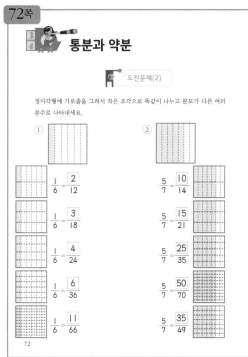

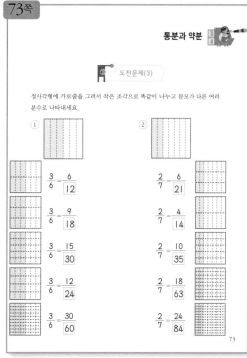

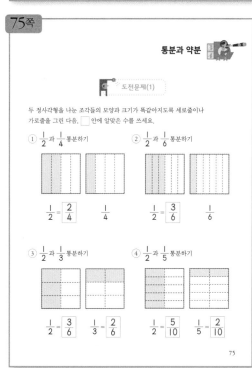

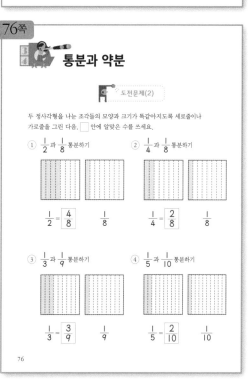

통분과 약분

 도전문제(3)

두 정사각형을 나눈 조각들의 모양과 크기가 똑같아지도록 세로줄이나 가로줄을 그린 다음, ☐ 안에 알맞은 수를 쓰세요.

① $\frac{1}{3}$과 $\frac{1}{4}$ 통분하기

② $\frac{1}{5}$과 $\frac{1}{4}$ 통분하기

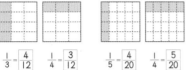

$\frac{1}{3} = \frac{4}{12}$ $\frac{1}{4} = \frac{3}{12}$ $\frac{1}{5} = \frac{4}{20}$ $\frac{1}{4} = \frac{5}{20}$

③ $\frac{1}{5}$과 $\frac{1}{6}$ 통분하기

④ $\frac{1}{4}$과 $\frac{1}{7}$ 통분하기

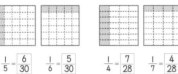

$\frac{1}{5} = \frac{6}{30}$ $\frac{1}{6} = \frac{5}{30}$ $\frac{1}{4} = \frac{7}{28}$ $\frac{1}{7} = \frac{4}{28}$

통분과 약분

 도전문제(1)

다음은 두 분수를 통분하는 과정입니다. 두 분수의 분모가 똑같아지도록 빈칸에 알맞은 수를 쓰세요.

① $\frac{1}{3}$ 과 $\frac{1}{12}$

$\frac{1\times 4}{3\times 4}$

$\frac{4}{12}$

② $\frac{1}{4}$ 과 $\frac{1}{12}$

$\frac{1\times 3}{4\times 3}$

$\frac{3}{12}$

③ $\frac{1}{6}$ 과 $\frac{1}{12}$

$\frac{1\times 2}{6\times 2}$

$\frac{2}{12}$

④ $\frac{1}{4}$ 과 $\frac{1}{5}$

$\frac{1\times 5}{4\times 5}$ $\frac{1\times 4}{5\times 4}$

$\frac{5}{20}$ $\frac{4}{20}$

⑤ $\frac{1}{6}$ 과 $\frac{1}{8}$

$\frac{1\times 4}{6\times 4}$ $\frac{1\times 3}{8\times 3}$

$\frac{4}{24}$ $\frac{3}{24}$

⑥ $\frac{1}{6}$ 과 $\frac{1}{9}$

$\frac{1\times 3}{6\times 3}$ $\frac{1\times 2}{9\times 2}$

$\frac{3}{18}$ $\frac{2}{18}$

 통분과 약분

 도전문제(2)

다음은 두 분수를 통분하는 과정입니다. 두 분수의 분모가 똑같아지도록 빈칸에 알맞은 수를 쓰세요.

① $\frac{3}{8}$ 과 $\frac{3}{24}$

$\frac{3\times 3}{8\times 3}$

$\frac{9}{24}$

② $\frac{5}{6}$ 와 $\frac{5}{24}$

$\frac{5\times 4}{6\times 4}$

$\frac{20}{24}$

③ $\frac{1}{4}$ 과 $\frac{1}{24}$

$\frac{1\times 6}{4\times 6}$

$\frac{6}{24}$

④ $\frac{3}{8}$ 과 $\frac{5}{16}$

$\frac{3\times 2}{8\times 2}$

$\frac{6}{16}$

⑤ $\frac{3}{8}$ 과 $\frac{17}{32}$

$\frac{3\times 4}{8\times 4}$

$\frac{12}{32}$

⑥ $\frac{3}{8}$ 과 $\frac{9}{40}$

$\frac{3\times 5}{8\times 5}$

$\frac{15}{40}$

통분과 약분

 도전문제(3)

다음은 두 분수를 통분하는 과정입니다. 두 분수의 분모가 똑같아지도록 빈칸에 알맞은 수를 쓰세요.

① $\frac{3}{8}$ 과 $\frac{5}{6}$

$\frac{3\times 3}{8\times 3}$ $\frac{5\times 4}{6\times 4}$

$\frac{9}{24}$ $\frac{20}{24}$

② $\frac{5}{6}$ 와 $\frac{7}{9}$

$\frac{5\times 3}{6\times 3}$ $\frac{7\times 2}{9\times 2}$

$\frac{15}{18}$ $\frac{14}{18}$

③ $\frac{1}{4}$ 과 $\frac{3}{10}$

$\frac{1\times 5}{4\times 5}$ $\frac{3\times 2}{10\times 2}$

$\frac{5}{20}$ $\frac{6}{20}$

④ $\frac{3}{8}$ 과 $\frac{9}{20}$

$\frac{3\times 5}{8\times 5}$ $\frac{9\times 2}{20\times 2}$

$\frac{15}{40}$ $\frac{18}{40}$

83쪽

통분과 약분

도전문제(1)

다음은 두 분수를 통분하여 크기를 비교하는 과정입니다. 빈칸에 알맞은 수를 쓰고, ◯ 안에 >, <, =를 알맞게 써 넣으세요.

① $\dfrac{1}{2}$ > $\dfrac{2}{5}$

$\dfrac{1\times5}{2\times5}$ $\dfrac{2\times2}{5\times2}$

$\dfrac{5}{10}$ $\dfrac{4}{10}$

② $\dfrac{1}{2}$ > $\dfrac{3}{7}$

$\dfrac{1\times7}{2\times7}$ $\dfrac{3\times2}{7\times2}$

$\dfrac{7}{14}$ $\dfrac{6}{14}$

③ $\dfrac{5}{6}$ < $\dfrac{6}{7}$

$\dfrac{5\times7}{6\times7}$ $\dfrac{6\times6}{7\times6}$

$\dfrac{35}{42}$ $\dfrac{36}{42}$

④ $\dfrac{5}{6}$ < $\dfrac{7}{8}$

$\dfrac{5\times4}{6\times4}$ $\dfrac{7\times3}{8\times3}$

$\dfrac{20}{24}$ $\dfrac{21}{24}$

83

84쪽

통분과 약분

도전문제(2)

다음은 두 분수를 통분하여 크기를 비교하는 과정입니다. 빈칸에 알맞은 수를 쓰고, ◯ 안에 >, <, =를 알맞게 써 넣으세요.

① $\dfrac{3}{4}$ < $\dfrac{5}{6}$

$\dfrac{3\times3}{4\times3}$ $\dfrac{5\times2}{6\times2}$

$\dfrac{9}{12}$ $\dfrac{10}{12}$

② $\dfrac{3}{4}$ > $\dfrac{4}{7}$

$\dfrac{3\times7}{4\times7}$ $\dfrac{4\times4}{7\times4}$

$\dfrac{21}{28}$ $\dfrac{16}{28}$

③ $\dfrac{5}{6}$ < $\dfrac{11}{13}$

$\dfrac{5\times13}{6\times13}$ $\dfrac{11\times6}{13\times6}$

$\dfrac{65}{78}$ $\dfrac{66}{78}$

④ $\dfrac{5}{6}$ < $\dfrac{8}{9}$

$\dfrac{5\times3}{6\times3}$ $\dfrac{8\times2}{9\times2}$

$\dfrac{15}{18}$ $\dfrac{16}{18}$

84

85쪽

통분과 약분

도전문제(3)

다음은 두 분수를 통분하여 크기를 비교하는 과정입니다. 빈칸에 알맞은 수를 쓰고, ◯ 안에 >, <, =를 알맞게 써 넣으세요.

① $1\dfrac{3}{4}$ > $1\dfrac{2}{5}$

$1\dfrac{3\times5}{4\times5}$ $1\dfrac{2\times4}{5\times4}$

$1\dfrac{15}{20}$ $1\dfrac{8}{20}$

② $3\dfrac{2}{5}$ < $3\dfrac{3}{7}$

$3\dfrac{2\times7}{5\times7}$ $3\dfrac{3\times5}{7\times5}$

$3\dfrac{14}{35}$ $3\dfrac{15}{35}$

③ $2\dfrac{3}{5}$ < $2\dfrac{5}{8}$

$2\dfrac{3\times8}{5\times8}$ $2\dfrac{5\times5}{8\times5}$

$2\dfrac{24}{40}$ $2\dfrac{25}{40}$

④ $4\dfrac{3}{10}$ > $4\dfrac{4}{15}$

$4\dfrac{3\times3}{10\times3}$ $4\dfrac{4\times2}{15\times2}$

$4\dfrac{9}{30}$ $4\dfrac{8}{30}$

85

87쪽

통분과 약분

도전문제(1)

다음 그림의 칸들을 묶어 주어진 분수와 크기는 같으면서 분모가 작은 분수로 나타내고, 빈칸에 알맞은 기약분수를 쓰세요.

① $\dfrac{2}{4} = \dfrac{1}{2}$

② $\dfrac{2}{8} = \dfrac{1}{4}$

③ $\dfrac{2}{10} = \dfrac{1}{5}$

④ $\dfrac{2}{6} = \dfrac{1}{3}$

⑤ $\dfrac{3}{6} = \dfrac{1}{2}$

⑥ $\dfrac{4}{6} = \dfrac{2}{3}$

⑦ $\dfrac{6}{8} = \dfrac{3}{4}$

⑧ $\dfrac{3}{9} = \dfrac{1}{3}$

⑨ $\dfrac{6}{9} = \dfrac{2}{3}$

87

통분과 약분

도전문제(2)

다음은 분수를 약분하는 과정입니다. 빈칸에 알맞은 수를 쓰세요.

① $\dfrac{2}{4} = \dfrac{2÷2}{4÷2} = \dfrac{1}{2}$　　② $\dfrac{2}{6} = \dfrac{2÷2}{6÷2} = \dfrac{1}{3}$

③ $\dfrac{2}{8} = \dfrac{2÷2}{8÷2} = \dfrac{1}{4}$　　④ $\dfrac{6}{9} = \dfrac{6÷3}{9÷3} = \dfrac{2}{3}$

⑤ $\dfrac{3}{9} = \dfrac{3÷3}{9÷3} = \dfrac{1}{3}$　　⑥ $\dfrac{5}{10} = \dfrac{5÷5}{10÷5} = \dfrac{1}{2}$

⑦ $\dfrac{2}{12} = \dfrac{2÷2}{12÷2} = \dfrac{1}{6}$　　⑧ $\dfrac{3}{12} = \dfrac{3÷3}{12÷3} = \dfrac{1}{4}$

⑨ $\dfrac{6}{15} = \dfrac{6÷3}{15÷3} = \dfrac{2}{5}$　　⑩ $\dfrac{10}{15} = \dfrac{10÷5}{15÷5} = \dfrac{2}{3}$

⑪ $\dfrac{2}{18} = \dfrac{2÷2}{18÷2} = \dfrac{1}{9}$　　⑫ $\dfrac{3}{18} = \dfrac{3÷3}{18÷3} = \dfrac{1}{6}$

통분과 약분

도전문제(3)

다음은 분수를 약분하는 과정입니다. 빈칸에 알맞은 수를 쓰고, 기약분수에 동그라미 하세요.

① $\dfrac{6}{18} = \dfrac{6÷2}{18÷2} = \dfrac{3}{9}$　　② $\dfrac{6}{24} = \dfrac{6÷2}{24÷2} = \dfrac{3}{12}$

　 $\dfrac{6}{18} = \dfrac{6÷3}{18÷3} = \dfrac{2}{6}$　　　 $\dfrac{6}{24} = \dfrac{6÷3}{24÷3} = \dfrac{2}{8}$

　 $\dfrac{6}{18} = \dfrac{6÷6}{18÷6} = \boxed{\dfrac{1}{3}}$　　　 $\dfrac{6}{24} = \dfrac{6÷6}{24÷6} = \boxed{\dfrac{1}{4}}$

③ $\dfrac{24}{40} = \dfrac{24÷2}{40÷2} = \dfrac{12}{20}$　　④ $\dfrac{16}{40} = \dfrac{16÷2}{40÷2} = \dfrac{8}{20}$

　 $\dfrac{24}{40} = \dfrac{24÷4}{40÷4} = \dfrac{6}{10}$　　　 $\dfrac{16}{40} = \dfrac{16÷4}{40÷4} = \dfrac{4}{10}$

　 $\dfrac{24}{40} = \dfrac{24÷8}{40÷8} = \boxed{\dfrac{3}{5}}$　　　 $\dfrac{16}{40} = \dfrac{16÷8}{40÷8} = \boxed{\dfrac{2}{5}}$

 통분과 약분

연습문제(1)

다음은 분수의 분모를 바꾸는 과정입니다. 빈칸에 알맞은 수를 쓰세요.

① $\dfrac{1}{2} = \dfrac{1×3}{2×3} = \dfrac{3}{6}$　　② $\dfrac{3}{4} = \dfrac{3×2}{4×2} = \dfrac{6}{8}$

③ $\dfrac{4}{5} = \dfrac{4×3}{5×3} = \dfrac{12}{15}$　　④ $\dfrac{5}{6} = \dfrac{5×3}{6×3} = \dfrac{15}{18}$

⑤ $\dfrac{3}{7} = \dfrac{3×7}{7×7} = \dfrac{21}{49}$　　⑥ $\dfrac{1}{9} = \dfrac{1×7}{9×7} = \dfrac{7}{63}$

⑦ $\dfrac{2}{5} = \dfrac{2×2}{5×2} = \dfrac{4}{10}$　　⑧ $\dfrac{3}{5} = \dfrac{3×4}{5×4} = \dfrac{12}{20}$

⑨ $\dfrac{7}{12} = \dfrac{7×3}{12×3} = \dfrac{21}{36}$　　⑩ $\dfrac{13}{18} = \dfrac{13×2}{18×2} = \dfrac{26}{36}$

통분과 약분

연습문제(2)

다음은 분수의 분모를 바꾸는 과정입니다. 빈칸에 알맞은 수를 쓰세요.

① $\dfrac{1}{2} = \dfrac{1×5}{2×5} = \dfrac{5}{10}$　　② $\dfrac{3}{4} = \dfrac{3×5}{4×5} = \dfrac{15}{20}$

③ $\dfrac{4}{5} = \dfrac{4×6}{5×6} = \dfrac{24}{30}$　　④ $\dfrac{5}{6} = \dfrac{5×5}{6×5} = \dfrac{25}{30}$

⑤ $\dfrac{3}{7} = \dfrac{3×12}{7×12} = \dfrac{36}{84}$　　⑥ $\dfrac{1}{9} = \dfrac{1×12}{9×12} = \dfrac{12}{108}$

⑦ $\dfrac{2}{15} = \dfrac{2×9}{15×9} = \dfrac{18}{135}$　　⑧ $\dfrac{7}{18} = \dfrac{7×5}{18×5} = \dfrac{35}{90}$

⑨ $\dfrac{16}{25} = \dfrac{16×4}{25×4} = \dfrac{64}{100}$　　⑩ $\dfrac{16}{25} = \dfrac{16×8}{25×8} = \dfrac{128}{200}$

정답

92쪽

통분과 약분

연습문제(3)

다음 두 분수를 통분하세요.

① $\dfrac{1}{2}$ 과 $\dfrac{1}{3}$ → $\dfrac{3}{6}$ $\dfrac{2}{6}$

② $\dfrac{3}{4}$ 과 $\dfrac{5}{6}$ → $\dfrac{9}{12}$ $\dfrac{10}{12}$

③ $\dfrac{5}{6}$ 와 $\dfrac{5}{9}$ → $\dfrac{15}{18}$ $\dfrac{10}{18}$

④ $\dfrac{5}{6}$ 와 $\dfrac{4}{5}$ → $\dfrac{25}{30}$ $\dfrac{24}{30}$

⑤ $\dfrac{7}{12}$ 과 $\dfrac{9}{10}$ → $\dfrac{35}{60}$ $\dfrac{54}{60}$

⑥ $\dfrac{11}{18}$ 과 $\dfrac{13}{15}$ → $\dfrac{55}{90}$ $\dfrac{78}{90}$

⑦ $\dfrac{4}{7}$ 와 $\dfrac{3}{4}$ → $\dfrac{16}{28}$ $\dfrac{21}{28}$

⑧ $\dfrac{9}{12}$ 와 $\dfrac{5}{8}$ → $\dfrac{18}{24}$ $\dfrac{15}{24}$

⑨ $\dfrac{8}{21}$ 과 $\dfrac{5}{12}$ → $\dfrac{32}{84}$ $\dfrac{35}{84}$

92

93쪽

통분과 약분

연습문제(4)

다음 두 분수를 분모가 가장 작은 분수로 통분하세요.

① $\dfrac{3}{8}$ 과 $\dfrac{5}{12}$ → $\dfrac{9}{24}$ $\dfrac{10}{24}$

② $\dfrac{5}{6}$ 와 $\dfrac{7}{15}$ → $\dfrac{25}{30}$ $\dfrac{14}{30}$

③ $\dfrac{7}{12}$ 과 $\dfrac{5}{18}$ → $\dfrac{21}{36}$ $\dfrac{10}{36}$

④ $\dfrac{3}{8}$ 과 $\dfrac{5}{9}$ → $\dfrac{27}{72}$ $\dfrac{40}{72}$

⑤ $\dfrac{7}{8}$ 과 $\dfrac{9}{10}$ → $\dfrac{35}{40}$ $\dfrac{36}{40}$

⑥ $\dfrac{3}{7}$ 과 $\dfrac{5}{9}$ → $\dfrac{27}{63}$ $\dfrac{35}{63}$

⑦ $\dfrac{3}{16}$ 과 $\dfrac{11}{12}$ → $\dfrac{9}{48}$ $\dfrac{44}{48}$

⑧ $\dfrac{17}{20}$ 과 $\dfrac{7}{12}$ → $\dfrac{51}{60}$ $\dfrac{35}{60}$

⑨ $\dfrac{23}{24}$ 과 $\dfrac{25}{28}$ → $\dfrac{161}{168}$ $\dfrac{150}{168}$

⑩ $\dfrac{3}{5}$ 과 $\dfrac{7}{8}$ → $\dfrac{24}{40}$ $\dfrac{35}{40}$

⑪ $\dfrac{19}{20}$ 와 $\dfrac{17}{28}$ → $\dfrac{133}{140}$ $\dfrac{85}{140}$

⑫ $\dfrac{14}{15}$ 와 $\dfrac{43}{45}$ → $\dfrac{42}{45}$ $\dfrac{43}{45}$

93

94쪽

통분과 약분

연습문제(5)

다음 ⬤ 안에 >. <. =을 알맞게 써 넣으세요.

① $\dfrac{3}{4}$ < $\dfrac{5}{6}$

② $\dfrac{3}{5}$ > $\dfrac{4}{7}$

③ $\dfrac{3}{4}$ > $\dfrac{5}{8}$

④ $\dfrac{3}{10}$ < $\dfrac{4}{12}$

⑤ $\dfrac{4}{6}$ = $\dfrac{6}{9}$

⑥ $\dfrac{6}{15}$ < $\dfrac{12}{20}$

⑦ $\dfrac{2}{4}$ = $\dfrac{16}{32}$

⑧ $\dfrac{5}{7}$ < $\dfrac{36}{49}$

⑨ $\dfrac{7}{5}$ > $\dfrac{5}{7}$

⑩ $\dfrac{9}{12}$ < $\dfrac{13}{16}$

⑪ $\dfrac{3}{9}$ < $\dfrac{11}{30}$

⑫ $\dfrac{14}{15}$ < $\dfrac{15}{16}$

94

95쪽

통분과 약분

연습문제(6)

다음은 어떤 분수의 분자와 분모를 똑같은 수로 나누어 약분하는 과정입니다.
빈칸에 알맞은 수를 쓰세요.

① $\dfrac{12}{18}$ → $\dfrac{12÷2}{18÷2}=\dfrac{6}{9}$, $\dfrac{12÷3}{18÷3}=\dfrac{4}{6}$, $\dfrac{12÷6}{18÷6}=\dfrac{2}{3}$

② $\dfrac{16}{24}$ → $\dfrac{16÷2}{24÷2}=\dfrac{8}{12}$, $\dfrac{16÷4}{24÷4}=\dfrac{4}{6}$, $\dfrac{16÷8}{24÷8}=\dfrac{2}{3}$

③ $\dfrac{15}{45}$ → $\dfrac{15÷3}{45÷3}=\dfrac{5}{15}$, $\dfrac{15÷5}{45÷5}=\dfrac{3}{9}$, $\dfrac{15÷15}{45÷15}=\dfrac{1}{3}$

④ $\dfrac{12}{36}$ → $\dfrac{12÷2}{36÷2}=\dfrac{6}{18}$, $\dfrac{12÷3}{36÷3}=\dfrac{4}{12}$, $\dfrac{12÷4}{36÷4}=\dfrac{3}{9}$

  $\dfrac{12÷6}{36÷6}=\dfrac{2}{6}$, $\dfrac{12÷12}{36÷12}=\dfrac{1}{3}$

95

135

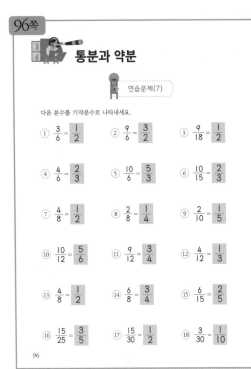

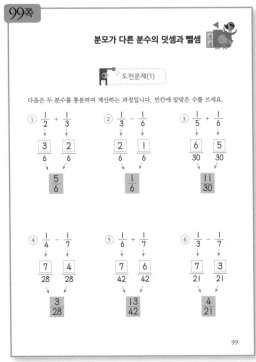

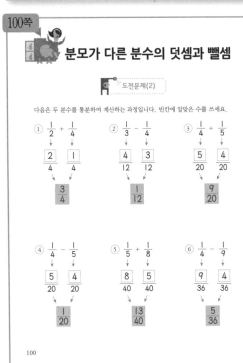

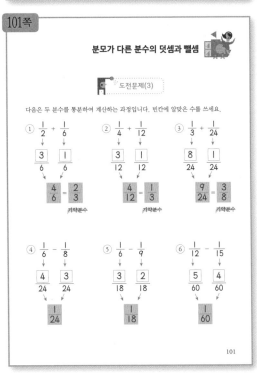

분모가 다른 분수의 덧셈과 뺄셈

도전문제(1)

다음은 두 분수를 통분하여 계산하는 과정입니다. 빈칸에 알맞은 수를 쓰세요.

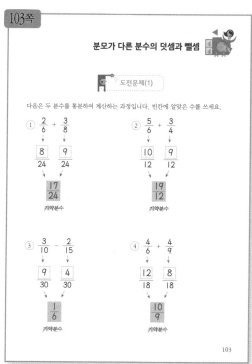

분모가 다른 분수의 덧셈과 뺄셈

도전문제(2)

다음은 두 분수를 통분하여 계산하는 과정입니다. 빈칸에 알맞은 수를 쓰세요.

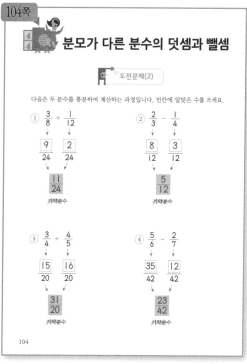

분모가 다른 분수의 덧셈과 뺄셈

도전문제(3)

다음은 두 분수를 통분하여 계산하는 과정입니다. 빈칸에 알맞은 수를 쓰세요.

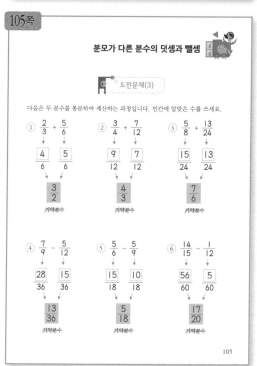

분모가 다른 분수의 덧셈과 뺄셈

도전문제(1)

다음은 두 분수를 통분하여 계산하는 과정입니다. 빈칸에 알맞은 수를 쓰세요.

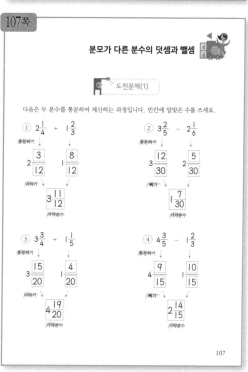

108쪽

분모가 다른 분수의 덧셈과 뺄셈

도전문제(2)

다음은 두 분수를 통분하여 계산하는 과정입니다. 빈칸에 알맞은 수를 쓰세요.

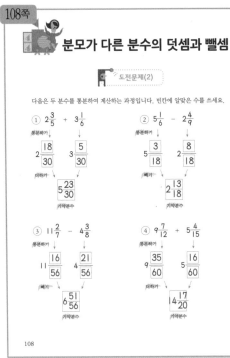

109쪽

분모가 다른 분수의 덧셈과 뺄셈

도전문제(3)

다음은 두 분수를 통분하여 계산하는 과정입니다. 빈칸에 알맞은 수를 쓰세요.

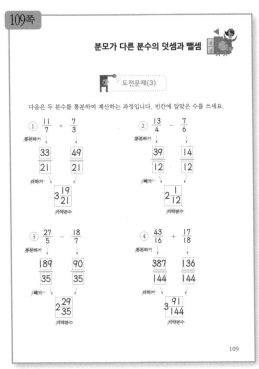

110쪽

분모가 다른 분수의 덧셈과 뺄셈

연습문제(1)

빈칸에 알맞은 수를 쓰세요.

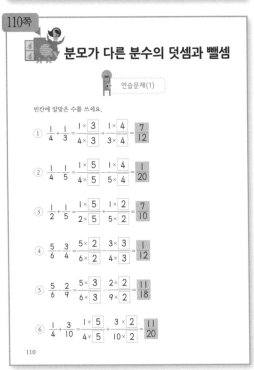

111쪽

분모가 다른 분수의 덧셈과 뺄셈

연습문제(2)

빈칸에 알맞은 수를 쓰세요.

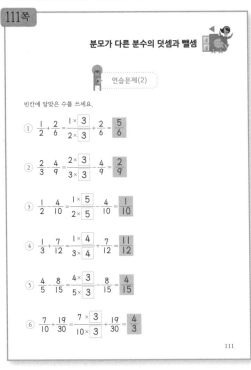

112쪽

분모가 다른 분수의 덧셈과 뺄셈

연습문제(3)

빈칸에 알맞은 수를 쓰세요.

① $\dfrac{2}{3} - \dfrac{1}{4} = \dfrac{2\times4}{3\times4} - \dfrac{1\times3}{4\times3} = \dfrac{5}{12}$

② $\dfrac{4}{5} + \dfrac{3}{8} = \dfrac{4\times8}{5\times8} + \dfrac{3\times5}{8\times5} = 1\dfrac{7}{40},\ \dfrac{47}{40}$

③ $\dfrac{6}{7} - \dfrac{2}{9} = \dfrac{6\times9}{7\times9} - \dfrac{2\times7}{9\times7} = \dfrac{40}{63}$

④ $\dfrac{11}{12} + \dfrac{7}{16} = \dfrac{11\times4}{12\times4} + \dfrac{7\times3}{16\times3} = 1\dfrac{17}{48},\ \dfrac{65}{48}$

⑤ $\dfrac{11}{15} + \dfrac{6}{25} = \dfrac{11\times5}{15\times5} - \dfrac{6\times3}{25\times3} = \dfrac{37}{75}$

⑥ $\dfrac{17}{20} - \dfrac{13}{35} = \dfrac{17\times7}{20\times7} - \dfrac{13\times4}{35\times4} = \dfrac{67}{140}$

112

113쪽

분모가 다른 분수의 덧셈과 뺄셈

 연습문제(4)

빈칸에 알맞은 수를 쓰세요.

① $\dfrac{1}{2} + \dfrac{1}{4} = \dfrac{3}{4}$ 　　② $\dfrac{7}{10} + \dfrac{1}{5} = \dfrac{9}{10}$

③ $\dfrac{1}{3} - \dfrac{1}{4} = \dfrac{1}{12}$ 　　④ $\dfrac{5}{6} - \dfrac{1}{3} = \dfrac{1}{2}$

⑤ $\dfrac{9}{10} - \dfrac{1}{6} = \dfrac{11}{15}$ 　　⑥ $\dfrac{5}{7} - \dfrac{1}{9} = \dfrac{38}{63}$

⑦ $\dfrac{3}{8} + \dfrac{1}{4} = \dfrac{5}{8}$ 　　⑧ $\dfrac{1}{6} + \dfrac{2}{15} = \dfrac{3}{10}$

⑨ $\dfrac{5}{8} - \dfrac{3}{16} = \dfrac{7}{16}$ 　　⑩ $\dfrac{3}{5} - \dfrac{7}{30} = \dfrac{11}{30}$

⑪ $\dfrac{5}{6} - \dfrac{8}{15} = \dfrac{3}{10}$ 　　⑫ $\dfrac{13}{18} - \dfrac{1}{3} = \dfrac{7}{18}$

113

114쪽

분모가 다른 분수의 덧셈과 뺄셈

연습문제(5)

빈칸에 알맞은 수를 쓰세요.

① $2\dfrac{5}{6} + 3\dfrac{3}{4} = \left(2 + \dfrac{5\times2}{6\times2}\right) + \left(3 + \dfrac{3\times3}{4\times3}\right)$

　　$= (2+3) + \left(\dfrac{10}{12} + \dfrac{9}{12}\right) = 6\dfrac{7}{12}$

② $3\dfrac{5}{6} - 2\dfrac{3}{4} = \left(3 + \dfrac{5\times2}{6\times2}\right) - \left(2 + \dfrac{3\times3}{4\times3}\right)$

　　$= (3-2) + \left(\dfrac{10}{12} - \dfrac{9}{12}\right) = 1\dfrac{1}{12}$

③ $3\dfrac{2}{5} + 4\dfrac{1}{4} = \left(3 + \dfrac{2\times4}{5\times4}\right) + \left(4 + \dfrac{1\times5}{4\times5}\right)$

　　$= (3+4) + \left(\dfrac{8}{20} + \dfrac{5}{20}\right) = 7\dfrac{13}{20}$

114

115쪽

분모가 다른 분수의 덧셈과 뺄셈

 연습문제(6)

빈칸에 알맞은 수를 쓰세요.

① $5\dfrac{2}{3} - 2\dfrac{3}{8} = \left(5 + \dfrac{2\times8}{3\times8}\right) - \left(2 + \dfrac{3\times3}{8\times3}\right)$

　　$= (5-2) + \left(\dfrac{16}{24} - \dfrac{9}{24}\right) = 3\dfrac{7}{24}$

② $5\dfrac{3}{4} - 2\dfrac{2}{5} = \left(5 + \dfrac{3\times5}{4\times5}\right) - \left(2 + \dfrac{2\times4}{5\times4}\right)$

　　$= (5-2) + \left(\dfrac{15}{20} - \dfrac{8}{20}\right) = 3\dfrac{7}{20}$

③ $12\dfrac{5}{6} + 14\dfrac{7}{9} = \left(12 + \dfrac{5\times3}{6\times3}\right) + \left(14 + \dfrac{7\times2}{9\times2}\right)$

　　$= (12+14) + \left(\dfrac{15}{18} + \dfrac{14}{18}\right) = 27\dfrac{11}{18}$

115

분모가 다른 분수의 덧셈과 뺄셈

 연습문제(7)

빈칸에 알맞은 수를 쓰세요.

① $10\frac{2}{3}+11\frac{4}{5}=(10+\frac{2\times 5}{3\times 5})+(11+\frac{4\times 3}{5\times 3})$

$=(10+11)+(\frac{10}{15}+\frac{12}{15})=22\frac{7}{15}$

② $4\frac{2}{5}-2\frac{1}{4}=(4+\frac{2\times 4}{5\times 4})-(2+\frac{1\times 5}{4\times 5})$

$=(4-2)+(\frac{8}{20}-\frac{5}{20})=2\frac{3}{20}$

③ $7\frac{1}{3}-4\frac{3}{8}=(6+\frac{4\times 8}{3\times 8})-(4+\frac{3\times 3}{8\times 3})$

$=(6-4)+(\frac{32}{24}-\frac{9}{24})=2\frac{23}{24}$

116

분모가 다른 분수의 덧셈과 뺄셈

 연습문제(8)

빈칸에 알맞은 수를 쓰세요.

① $5\frac{3}{4}-2\frac{2}{5}=(5+\frac{3\times 5}{4\times 5})-(2+\frac{2\times 4}{5\times 4})$

$=(5-2)+(\frac{15}{20}-\frac{8}{20})=3\frac{7}{20}$

② $14\frac{5}{6}+12\frac{7}{9}=(14+\frac{5\times 3}{6\times 3})+(12+\frac{7\times 2}{9\times 2})$

$=(14+12)+(\frac{15}{18}+\frac{14}{18})=27\frac{11}{18}$

③ $10\frac{2}{3}-7\frac{2}{5}=(10+\frac{2\times 5}{3\times 5})-(7+\frac{2\times 3}{5\times 3})$

$=(10-7)+(\frac{10}{15}-\frac{6}{15})=3\frac{4}{15}$

117

분모가 다른 분수의 덧셈과 뺄셈

 연습문제(9)

빈칸에 알맞은 수를 쓰세요.

① $5\frac{3}{4}+6\frac{2}{3}=12\frac{5}{12}$　　② $7\frac{3}{4}-2\frac{3}{5}=5\frac{3}{20}$

③ $4\frac{3}{5}+8\frac{2}{3}=13\frac{4}{15}$　　④ $5\frac{2}{4}-1\frac{3}{7}=4\frac{1}{14}$

⑤ $9\frac{5}{12}+\frac{2}{5}=9\frac{49}{60}$　　⑥ $6\frac{4}{7}-1\frac{3}{5}=4\frac{34}{35}$

⑦ $4\frac{8}{15}+1\frac{2}{9}=5\frac{34}{45}$　　⑧ $8\frac{2}{13}-3\frac{4}{5}=4\frac{23}{65}$

⑨ $10\frac{1}{4}+8\frac{4}{16}=18\frac{1}{2}$　　⑩ $11\frac{5}{6}-5\frac{7}{16}=6\frac{19}{48}$

⑪ $20\frac{3}{7}+6\frac{2}{3}=27\frac{2}{21}$　　⑫ $24\frac{9}{13}-16\frac{2}{39}=8\frac{25}{39}$

118